广东河源恐龙蛋化石群

THE HEYUAN DINOSAUR EGG OOFAUNA IN GUANGDONG

河源市博物馆　编

上海科学技术出版社

图书在版编目（CIP）数据

广东河源恐龙蛋化石群 / 河源市博物馆编. -- 上海：
上海科学技术出版社，2022.10
ISBN 978-7-5478-5906-3

Ⅰ．①广… Ⅱ．①河… Ⅲ．①恐龙蛋—研究—河源市
Ⅳ．①Q915.2

中国版本图书馆CIP数据核字(2022)第182691号

广东河源恐龙蛋化石群

河源市博物馆　编

上海世纪出版（集团）有限公司 出版、发行
上海科学技术出版社
（上海市闵行区号景路159弄A座9F-10F）
邮政编码201101　　www.sstp.cn
上海雅昌艺术印刷有限公司印刷
开本 635×965　1/8　印张 15.5
字数 200千字
2022年10月第1版　2022年10月第1次印刷
ISBN 978-7-5478-5906-3 / Q · 76
定价：180.00元

编纂委员会

王　强　杜衍礼　方开永　朱旭峰　蒋安春　黄志青　汪筱林

序

　　化石是古生物研究者最基本的研究材料，也是研究古代生物演化的最直接证据。恐龙蛋是一类非常特殊的化石类型，不仅蕴藏了丰富的生物学信息，例如恐龙的繁殖行为和习性、胚胎发育等，同时由于蛋的形成时间较短，保留在地层中的恐龙蛋可以作为地层对比的依据，为研究者分析恐龙生存时期的古环境、古气候和古地理提供数据。例如，本书主要作者王强博士与中国科学院地质与地球物理研究所等单位的科研人员近期合作发表于《美国国家科学院院刊》（*PNAS*）的封面文章，便是从恐龙蛋多样性变化的角度，对晚白垩世末期恐龙灭绝事件的原因进行了探索，为我们认识恐龙的灭绝过程和机制提供了新视角。

　　中国是世界范围内恐龙蛋埋藏异常丰富的国家，至今已在 15 个省区市的数十个地点发现恐龙蛋。其中，广东省河源市博物馆——中国古动物馆恐龙蛋馆，就收藏了 19 600 多枚恐龙蛋，实属珍贵和罕见。河源恐龙蛋最早发现可以追溯到 20 世纪 70 年代，中国科学院古脊椎动物与古人类研究所（以下简称"古脊椎所"）杨钟健院士将这些标本鉴定为长形蛋类，赵资奎研究员随即对河源盆地恐龙蛋开展了调查工作。自 1999 年以来，古脊椎所全面参与了河源恐龙化石的发掘、修复与研究工作，本书即是对河源恐龙蛋、恐龙骨骼和恐龙足迹发现 25 年以来的阶段性研究成果之一。

　　本书基于河源基础地质、野外发现的恐龙蛋和河源市博物馆丰富的馆藏，系统介绍了恐龙蛋分类学研究，初步鉴定出 5 蛋科 11 蛋属 12 蛋种，包括 1 新蛋属和 1 新蛋种，其中以蜂窝蛋类和石笋蛋类最为丰富。同时，通过与我国其他几处重要的晚白垩世恐龙蛋类群进行对比，发现河源恐龙蛋组合与浙江天台恐龙蛋化石群最为相近；河源恐龙蛋化石群主要富集层东源组，可与天台恐龙蛋化石群上部层位赤城山组对比，其地质时代应为晚白垩世早—中期（土伦期—桑顿期）。该工作不仅丰富了我国恐龙蛋多样性，同时为河源盆地的地层对比工作提供了详实的古生物学证据，为进一步讨论我国晚白垩世时期恐龙的古地理分布、恐龙繁殖行为与习性等提供了可靠依据。

　　本书能顺利付梓出版，与王强博士长期专注于恐龙蛋及其相关地层学工作是分不开的。据我所知，他常年坚持野外考察，在广东、江西、山东、陕西和河南等地，发现了数量众多的恐龙蛋新属种，丰富和完善了恐龙蛋的分类体系；在开展大量生物地层学研究的基础上，依托几处重要的恐龙蛋化石群，初步建立了我国晚白垩世陆相地层框架。

　　同时，本书得以完成与河源市的恐龙蛋保护工作也息息相关。自 1996 年 3 月 6 日在河源市发现第一窝恐龙蛋化石以来，历届河源市委、市政府都非常重视恐龙化石资源的保护工作，并建立了赏罚分明的奖惩制度，取得了显著效果。2013 年，我曾去河源市考察了当地恐龙化石资源的发掘与保护工作，发现国内像河源市政府这样把恐龙蛋资源集中起来，保护得又很好的情况不多。从长远来看，这对于我国的古生物研究，绝对是具有战略意义的一件好事。

中国科学院古脊椎动物与古人类研究所
中国科学院院士

Foreword

Fossils are the most fundamental research materials for paleontologists and the most direct evidence for studying the evolution of ancient creatures. Dinosaur eggs are a very special type of fossil, which contain abundant biological information regarding the reproductive behavior and habits of dinosaurs as well as the development of embryos. The dinosaur eggs preserved in stratum can be used as a bridge for stratigraphic correlation due to their relatively short formation time, providing data for the reconstruction of the paleoenvironment, paleoclimate and paleogeography of a dinosaur's life period. For example, the main author of this book, Dr. Wang Qiang, together with researchers from institutions including the Institute of Geology and Geophysics, Chinese Academy of Sciences recently published a cover article in the *Proceedings of the National Academy of Sciences of the United States of America* (*PNAS*), which mainly explored the causes of dinosaur extinction at the end of the Late Cretaceous from the perspective of the diversity of dinosaur eggs, and provided us with a new insight into the extinction process and mechanism of dinosaurs.

China is extremely rich in dinosaur eggs and has yielded dinosaur eggs in dozens of localities from 15 provincial regions. Heyuan Museum, which is also the Dinosaur Egg Museum of the Paleozoological Museum of China, has a precious and rare collection of more than 19 600 dinosaur eggs. The earliest discovery of dinosaur eggs in Heyuan dates back to the 1970's when Academician Young C. C. from Institute of Vertebrate Paleontology and Paleoanthropology (IVPP), Chinese Academy of Sciences identified specimens as elongatoolithid eggs. Researcher Zhao Zikui immediately began an investigation into the dinosaur eggs in the Heyuan Basin. Since 1999, the IVPP has fully participated in the excavation, restoration, and research of Heyuan dinosaurs. This book is one of the phased results of the discovery of dinosaur eggs, bones, and footprints in Heyuan from 25 years ago.

Based on the basic geology of the dinosaur eggs discovered in the fields and housed in Heyuan Museum, this book systematically introduces the classification study of dinosaur eggs in the Heyuan Basin and preliminary identifies five oofamilies, eleven oogenera, and twelve oospecies, including one new oogenera and one new oospecies, in which the faveoloolithid and stalicoolithid eggs are the most abundant. At the current time, through comparison with several Late Cretaceous dinosaur eggs assemblages around China, the dinosaur eggs assemblage in Heyuan is shown to be most similar to the dinosaur eggs assemblage in Tiantai, Zhejiang Province. The egg fossil rich stratigraphic member, Dongyuan Formation, can be compared with the Chichengshan Formation in the Tiantai Basin, whose age is from the early to middle stages of the Late Cretaceous (Turonian-Santonian). This work does not only enrich the diversity of dinosaur eggs in China, but also provides detailed paleontological evidence for the stratigraphic comparison in the Heyuan Basin, allowing for further discussion of the paleogeography of the dinosaurs in the Late Cretaceous of China as well as of the reproductive behavior and habits of dinosaurs.

The successful publication of this book is inseparable from the long-term focus on dinosaur eggs and related stratigraphy work of Dr. Wang Qiang. As far as I know, he has insisted on field investigations, discovered a large number of new ootaxa in Guangdong, Jiangxi, Shandong, Shannxi and Henan, etc, enriched the parataxonomic system of dinosaur eggs, carried out numerous biostratigraphic studies, and preliminary constructed the Late Cretaceous continental stratigraphic framework of China based on several important dinosaur eggs assemblages.

At this time, the accomplishment of this work is deeply related to the protective work of the local government. Since the discovery of the first dinosaur egg nest in Heyuan, successive Municipal Party Committee and municipal government of Heyuan have attached great importance to the protection of dinosaur fossil resources and established a clear reward and punishment system which has achieved remarkable results. In 2013, I witness firsthand the excavation and protection of dinosaur fossil resources in Heyuan and found that not many places have concentrated and protected their local fossil resources as well as Heyuan has, which is a strategic move for the paleontological work of China in the long term.

Z. Zhou

Institute of Vertebrate Paleontology and Paleoanthropology,
Chinese Academy of Science
Academician of Chinese Academy of Sciences

前　言

　　中国恐龙蛋化石埋藏丰富、类型多样、分布广泛、时代跨度大，已在 15 个省区市的数十个地点发现恐龙蛋化石，特别是在广东、江西、山东、河南、浙江等地，保存完整、成窝恐龙蛋化石大量出露，其中很多类型为中国所特有。恐龙蛋化石的研究在地质学和古生物学方面发挥了非常重要的作用。我国学者通过对中国恐龙蛋的分类学研究，建立了国际上通用的恐龙蛋分类系统。恐龙蛋组合可以进行地层的划分与对比，根据中国已发现恐龙蛋化石群的对比，结合岩石地层学、年代地层学和生物地层学综合对比，初步构建了中国陆相晚白垩世地层框架；通过对不同类型恐龙蛋蛋壳结构及其形成机制的对比研究，可以探讨羊膜卵蛋壳组织结构的形成和演化；通过分析恐龙蛋蛋窝形态和埋藏环境，可以研究恐龙筑巢产卵行为和生活习性；通过分析恐龙蛋蛋壳稳定同位素及微量元素，将对白垩纪陆相古环境、古气候的变化、恐龙多样性变化和恐龙灭绝等重大科学问题的研究起到非常重要的作用。

　　河源盆地位于广东省东北部，盆地内白垩系及古近系红层是一套粒度较粗的红色碎屑岩，以砾岩、砂砾岩、含砾砂岩特别发育为主要特色。自 1996 年以来，盆地内陆续发现丰富的恐龙化石资源，包括恐龙蛋、恐龙骨骼和恐龙足迹。其中恐龙骨骼虽然发现数量较少，但类型多样，包括著名的窃蛋龙类——黄氏河源龙，还有霸王龙类的牙齿、蜥脚类的颈椎和肋骨、鸟脚类的指骨等；河源恐龙足迹虽未做科学研究，但初步判断其多样性也异常丰富。河源盆地最为主要的还是数量众多的恐龙蛋，具有分布广、种类多、原地埋藏、保存完好等特点。截至 2021 年 12 月底，河源市博物馆馆藏的恐龙蛋已达 19 600 多枚。

　　本书第一章全面回顾了河源恐龙资源的发现与研究。第二章总结了河源盆地红层的划分与对比。第三章基于河源市博物馆系统收集的恐龙蛋标本，选取其中保存较好、地点明确的标本开展了系统的分类学研究，初步研究结果共计鉴定出 5 蛋科 11 蛋属 12 蛋种，包括 1 新蛋属 1 新蛋种，结果表明河源恐龙蛋主要富集于上白垩统东源组，类型多样，以蜂窝蛋类和石笋蛋类最为丰富。通过与我国主要的恐龙蛋化石群对比，发现其与浙江天台恐龙蛋化石群最相近，但也有差异，河源恐龙蛋化石群主要富集层可与天台恐龙蛋化石群上部层位赤城山组相对比，其地质时代为晚白垩世早－中期，相当于土伦期－桑顿期。第四章对河源盆地发现的恐龙骨骼、足迹和恐龙蛋所对应的恐龙多样性进行总结，河源盆地恐龙动物群组成可以划分为两个阶段，第一阶段为晚白垩世早－中期（Turonian-Santonian），这一时期主要以蜥脚类、鸟脚类和少量的兽脚类（如伤齿龙）为代表；第二阶段为晚白垩世中－晚期（Campanian），主要以窃蛋龙类和霸王龙类为主，不排除还有少量鸟脚类、兽脚类恐龙。这些恐龙共同组成了河源恐龙动物群多样组合面貌。第五章总结和回顾河源市人民政府自 1996 年以来在恐龙蛋、恐龙骨骼和恐龙足迹等保护方面所取得的成果，以及河源市博物馆在恐龙资源的发现与科学采集、科学研究与学术交流、修复方面所做的工作，还有基于河源恐龙资源所开展的各项科普创作、研学和开发利用等。

本书是河源恐龙蛋、恐龙骨骼和恐龙足迹发现 25 年以来的一个阶段性成果总结。河源盆地包括恐龙蛋在内的恐龙资源研究工作还将继续，随着研究的深入，将对河源盆地恐龙资源的科普、管理、保护和利用等提供充分的科学依据。

本书的完成要感谢中国科学院古脊椎动物与古人类研究董枝明研究员、赵资奎研究员和中国地质科学院地质研究所吕君昌研究员等为河源恐龙、恐龙蛋研究所做出的贡献；感谢李岩、向龙和汪瑞杰完成了标本修复；感谢河源市博物馆黄东（原馆长）、温庆生（原副馆长）、袁伟强、刘艺、黄华乐、温豫粤等在标本收集、修复、馆藏等方面做出的努力和辛勤付出。本书关于河源恐龙蛋多样性的研究得到了国家自然科学基金"广东河源盆地恐龙蛋化石群及古环境研究"项目（批准号 41672012）的支持。

Preface

Dinosaur eggs are widely distributed in China in time and space with large quantity and diversity, which have been found in dozens of places in 15 provincial administrative units, especially in Guangdong, Jiangxi, Shandong, Henan, and Zhejiang and other places, many well-preserved and clutched dinosaur eggs, many of which are unique to China. The study of dinosaur eggs has played a very important role in geology and paleontology. Through the taxonomic study of Chinese dinosaur eggs, Chinese scholars have established an international classification system for dinosaur eggs. The dinosaur-egg assemblage can be used for stratigraphic division and correlation. Based on the comparison of dinosaur-egg groups found in China, combined with the comprehensive comparison of petrostratigraphy, chronostratigraphy and biostratigraphy, the stratigraphic framework of the late Cretaceous continental China was preliminarily constructed. The formation and evolution of the eggshell structure of amniotic eggs can be discussed through the comparative study of the eggshell structure and its formation mechanism of different types of dinosaur eggs. The nesting behavior and living habits of dinosaurs can be studied by analyzing the morphology and burial environment of dinosaur egg nest. The analysis of stable isotopes and trace elements in dinosaur eggshells has played a very important role in the study of the Cretaceous continental paleoenvironment and paleoclimatology, the diversity of dinosaurs and the extinction of dinosaurs.

The Heyuan Basin is located in the northeast of Guangdong Province. The Cretaceous and Paleogene red beds in the basin are a set of coarse-grained red clastic rocks, which are characterized by the development of conglomerate, glutenite and pebbled sandstone. Since 1996, abundant dinosaur fossil resources have been discovered in the basin, including dinosaur eggs, dinosaur bones and dinosaur footprints. Among them, although the number of dinosaur skeletons is small, they are diverse, including the famous oviraptorosaur, *Heyuannia huangi*, and tyrannosaurid tooth, sauropod cervical vertebrae and ribs, and phalanx of ornithopods. Although dinosaur footprints in Heyuan Basin have not been studied thoroughly, it can be inferred that its diversity is also extremely high. Most importantly, large number of dinosaur eggs were discovered in Heyuan Basin, which have the characteristics of wide distribution, high diversity, in situ burial, and well-preserved. By the end of December 2021, the Heyuan Museum had a collection of more than 19 600 dinosaur eggs.

Chapter I of this book comprehensively reviews the discovery and research of dinosaur resources in Heyuan. Chapter II summarizes the division and comparison of the red layer in the Heyuan Basin. Chapter III focuses on the systematic classification and identification of the well-preserved and designated dinosaur egg specimens collected by the Heyuan City Museum, and a total of 5 oofamiles, 11 oogenera, and 12 oospecies were identified, including one new oogenus and one new oospecies. The results show that Heyuan dinosaur eggs are mainly enriched in the Upper Cretaceous Dongyuan Formation, which are very diverse while faveoloolithid and stalicoolithid eggs are most abundant. Compared them with the major dinosaur egg fossil groups in China, it is found to be the most similar to the Tiantai dinosaur eggs assemblage in Zhejiang Province, though there are also differences. The main enrichment layer of Heyuan dinosaur egg fossil group can be compared to the upper layer of Tiantai dinosaur egg fossil group, whose geological age date back to the early-mid Late Cretaceous, equivalent to the Turonian-Santonian Age. Chapter IV summarizes the diversity of dinosaurs corresponding to the bones, footprints and dinosaur eggs found in the Heyuan Basin, and divides the dinosaur fauna of Heyuan Basin into two stages, the first stage correspond to the Early-Middle Late Cretaceous (Turonian-Santonian), which was mainly represented by sauropods, ornithopods and some theropods (troodontids for example). The second stage correspond to the Late Cretaceous (Campanian), mainly includes oviraptors and tyrannosauroids, there could also be a small number of ornithopod, theropod dinosaurs. These dinosaurs combine to form the diverse combination of Heyuan dinosaur fauna. Chapter V summarizes and reviews the achievements made by the People's Government of Guangzhou City in the protection of dinosaur eggs, dinosaur bones and dinosaur footprints since 1996, and the efforts and work of the Heyuan Museum in the discovery and scientific collection of dinosaur resources, scientific research and academic exchange, the restoration of dinosaur resources, as well as the research, development and utilization of popular science based on dinosaur resources in Heyuan.

This book is a stage achievement since the discovery of dinosaur eggs, dinosaur bones and dinosaur footprints in Heyuan Basin for 25 years. The research work of dinosaur resources including dinosaur eggs in Heyuan Basin will continue. With the deepening of research, it will provide sufficient scientific basis for the popularization, management, protection and utilization of dinosaur resources in Heyuan Basin

We thank Dong Zhiming and Zhao Zikui, from Institute of Vertebrate Paleontology and Paleoanthropology, Chinese Academy of Sciences, and Lü Junchang from Institute of Geology, Chinese Academy of Geological Sciences, for their contributions to the Heyuan dinosaur and dnosaur eggs research, and Li Yan, Xiang Long, Wang Ruijie in specimen restoration; Huang Dong (former curator), Wen Qingsheng (former deputy curator), Yuan Weiqiang, Liu Yi, Huang Huale, Wen Yuyue and others from Heyuan Museum in specimen collection, specimen restoration and other aspects of the effort and hard work. The study of Heyuan dinosaur egg diversity was supported by the National Natural Science Foundation of China "Dinosaur egg fauna and paleoenvironment of the Heyuan Basin, Guangdong Province" (No. 41672012).

目录

第一章

河源恐龙资源的发现与研究

长形长形蛋

中华恐龙遗迹公园鸟瞰图

第一节　河源恐龙资源的发现

河源盆地位于广东省东北部，自博罗杨村—河源埔前—河源市区—东源木京、仙塘一带，北东向展布，面积720 km²，发育K_2-E_2红层（张韦和黄蓬源，1999）。河源盆地北部的白垩系及古近系红层是一套粒度较粗的红色碎屑岩，以砾岩、砂砾岩、含砾不等粒砂岩特别发育为主要特色（吕君昌，2005）。盆地内产出有丰富的恐龙化石资源，集恐龙蛋、恐龙骨骼、恐龙足迹"三位一体"。河源发现的恐龙蛋具有分布广、数量大、种类多、埋藏浅、保存完好等特点。

河源恐龙化石最早被发现可以追溯到20世纪70年代。1971年10月，中国人民解放军791部队地质工作队在河源市北郊牛牯山发现一枚恐龙蛋（图1-1），经中国科学院古脊椎动物与古人类研究所（以下简称古脊椎所）杨钟健和马凤珍鉴定（图1-2），属恐龙之长形蛋，并提出两点意见："该蛋化石可与广东南雄发现的长形蛋相比，而河源县已是一个新的化石点；在该蛋化石产地不知是否同时有其他脊椎动物（恐龙）化石，因为该地区恐龙化石的发现，对于解决该蛋化石的归属问题，有参考价值。"1972年，古脊椎所赵资奎、广东省博物馆徐恒彬曾专程到河源寻找恐龙蛋，可惜未有发现。直到1996年3月，河源盆地的恐龙蛋陆续出露而被大量发现（邱立诚，黄东，2001）。

1995年12月16日，河源市啸仙中学4名学生在某工地玩耍时发现了一窝4枚圆形"石蛋"，它们呈C字形排列在一起（图1-3）。正当孩子们想把石蛋捶出来玩时，一位老师及时赶到，制止了孩子们的行为。几经周折，1996年3月6日，这窝恐龙蛋落户河源市博物馆。这一发现得到了河源市人民政府的极大关注，河源市人民政府于3月12日发布了《关于保护恐龙蛋化石的通告》，自此河源恐龙蛋的发现数量呈暴发式增长。

图1-1　791部队地质工作队在河源盆地发现的恐龙蛋

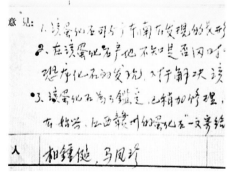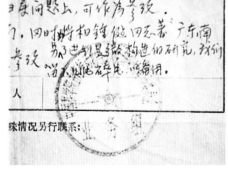

图1-2　古脊椎所对于河源盆地恐龙蛋的鉴定意见

图1-3　发现恐龙蛋的四位学生及现场（1995年）

图1-4　1996年，赵资奎研究员（右）和黄东在桂山路与205国道交汇处恐龙蛋化石发现处考察

图1-5　吕君昌等在河源恐龙遗迹公园调查核实恐龙足迹（2003年）

图1-6　2010年11月26日，河源恐龙博物馆开馆

　　1996年6月，古脊椎所赵资奎研究员专程赶到河源进行考察（图1-4），初步确定河源发现的蛋化石为晚白垩世圆形恐龙蛋，同时指出河源有找到恐龙骨骼化石的可能性。

　　1999年7月，一位市民带着从工地上发现的疑似动物骨骼的物件来到河源市博物馆寻求鉴定。负责接待的时任馆长黄东注意到这些物件的断口处有类似骨纹的纹路，当即意识到这可能是骨骼化石。他和几位工作人员跟随这位市民来到发掘现场，这是一处为修建道路被从中间炸开约2米宽的一道豁口。黄东等用考古锄在豁口处的岩层翻查，发现了一块含有3个完整骨爪的红色砂岩。他初步判断这可能是恐龙骨骼化石，于是立即组织人员拍照并扩大搜索范围，随后又发现了3块比较完整的骨骼化石，这些疑似恐龙骨骼化石的

发现引起了河源市各级政府的高度重视，现场随即被保护起来。这些骨骼化石经古脊椎所董枝明研究员鉴定，被认为是某种小型肉食性恐龙的指骨和趾骨远端。自此，在河源市北郊黄沙村和东源县城区共三个地点发现了恐龙骨骼化石。

　　董枝明研究员和吕君昌博士对黄沙村化石点进行了多次挖掘，发掘出至少属于4个个体的十多块骨骼化石，这些标本经过科学细致的修复，经吕君昌博士研究命名为窃蛋龙科的黄氏河源龙（*Heyuannia huanggi*）（Lü，2002）。黄氏河源龙正型标本（HYMV1-1）几乎完整保存，除了易碎的头骨受到挤压保存不太完整外，其他部位仍以原始状态保存，多数化石骨架呈自然状态相关节。黄氏河源龙的发现在河源尚属首次，也是我国华南地区窃蛋

表1-1 2013年以来河源恐龙化石发现与采集记录

时间	地点	化石类型	备注
2013年7月	市污水处理厂周边工地	骨骼化石	第8处骨骼发掘点
2014年5月	东源县万绿春天工地	骨骼化石	第9处骨骼发掘点
2014年6月	市污水处理厂周边工地	蛋化石	抢救性采集
2014年10月	大学城市技工学校北侧工地	蛋化石	抢救性采集
2014年11月	源城区迎客大桥工地	蛋化石	抢救性采集
2015年4月	新市区大同路工地	蛋化石	抢救性采集
2015年6月	江东新区麻竹窝工地	蛋化石	抢救性采集
2015年7月	江东新区麻竹窝鬼沥桥工地	蛋化石	抢救性采集
2016年10月	市技工学校北侧工地	蛋化石	抢救性采集
2017年9月	三友南城建设工地	蛋化石	抢救性采集
2017年10月	南湖公园施工工地	蛋化石	原地保护
2018年7月	迎客大桥桥北公园	蛋化石	原地保护
2019年5月	源城区白田美平工业园工地	蛋化石	抢救性采集
2019年7月	源城区紫金桥东端	蛋化石	抢救性采集
2019年11月	江东新区中骏城1期工地	骨骼化石	第10处骨骼发掘点
2020年6月	临江镇东环路新联村路段	蛋化石	抢救性采集
2020年10月	江东新区梧桐三路工地	蛋化石	抢救性采集
2021年11月	市技师学院1号楼和2号楼之间	蛋化石	原地保护

龙类的主要发现之一，不仅更新了人们对这类恐龙分布的认识，而且为研究窃蛋龙类的起源、演化、分布迁徙及其沉积环境提供了重要资料（杜衍礼，黄志青，2020）。

2002年12月，黄东、袁伟强及吕君昌等人在河源市南郊的省文物保护单位"河源石峡恐龙蛋化石埋藏地"发现8组168个恐龙脚印化石（图1-5）（黄东，2006）。这些足迹裸露在山坡或山顶的红砂岩层中，可以清晰地分辨出每组的走向，其中较大的脚印长约40厘米，较小的脚印长6~8厘米。足迹大多是趾形，少数为圆窝形。经初步鉴定，有鸭嘴龙类、兽脚类和甲龙类的足迹。这些足迹显示恐龙朝同一个方向前进，有力地证明了部分恐龙有群居的

习性。

进入21世纪，基于河源市多年来对恐龙蛋保护宣传力度的加大，尤其是河源恐龙博物馆的建成并对外开放（图1-6），更多市民认识到了什么是恐龙蛋、恐龙骨骼等。随着河源市市政建设步伐的加快，在越来越多的施工工地上发现恐龙蛋化石、恐龙骨骼化石的相关信息源不断上报到河源恐龙博物馆及相关主管部门，大量珍贵的恐龙蛋化石被热心市民送交给河源恐龙博物馆。河源恐龙博物馆随着专业队伍建设的加强、人力和物力投入的增加，在恐龙蛋化石、恐龙骨骼化石的抢救性保护方面做了大量工作（图1-7~图1-9，表1-1）。

图1-7 2000年12月，吕君昌（左一）与博物馆工作人员在黄沙村恐龙化石出土点挖掘现场

图1-8 2014年5月，博物馆工作人员在东源县万绿春天工地发现蜥脚类恐龙肋骨化石

图1-9 2015年7月，博物馆工作人员在胜利村工地抢救性采集恐龙蛋化石

河源恐龙资源的研究

对河源恐龙资源的系统研究始于1999年。邱立诚（1999）首次报道了河源恐龙蛋化石的发现。张韦和黄蓬源（1999）总结了广东省恐龙蛋化石层位及其分布，认为河源盆地含恐龙蛋层位为南雄组第二段，以圆形蛋类居多，中、小型蛋体自东源木京—河源市区—埔前镇，沿205国道两侧均可找到，以岩前、石峡村一带较为密布。

吕君昌等（2000）对1999年7月河源恐龙骨骼化石发现情况进行了简单的介绍，并初步判断最初被鉴定为小型兽脚类的恐龙为窃蛋龙类的母驼龙科，认为骨骼所赋存的层位为晚白垩世大望山组。

邱立诚和黄东（2001）总结了河源恐龙骨骼、恐龙蛋化石的发现与分布埋藏规律，初步总结了不同形态的恐龙蛋化石在河源盆地的分布。

吕君昌（2002）对河源发现的骨骼化石进行了详细描述，认为其属于窃蛋龙科，并建立新属新种，命名为黄氏河源龙（*Heyuannia huangi*）（图1-10，图1-11）。

方晓思等（2005）对河源盆地发现的恐龙蛋化石进行了研究，将其分类为瑶屯巨形蛋（*Macroolithus yaotunensis*）、长形长形蛋（*Elongatoolithus elongatus*）、三王坝村副圆形蛋（*Paraspheroolithus sanwangbacunensis*）、风光村树枝蛋（*Dendroolithus fengguangcunensis*），并将河源盆地白垩系—古近系地层划分为3个岩石地层单位，新建仙塘组和东源组，认为河源盆地产出的恐龙骨骼、恐龙蛋和龟鳖类仅见于东源组。

吕君昌等（2006）对在河源盆地发现的恐龙蛋进行了分类学研究，认为在黄氏河源龙同层位发现的7枚蛋，根据蛋壳纹饰与发现窃蛋龙胚胎的长形蛋类相似，应该属于黄氏河源龙所产；此外，于风光村发现的3枚蛋，根据形态、蛋壳外表面纹饰和蛋壳显微结构，鉴定为棱柱形蛋科，命名为河源棱柱形蛋（*Prismatooltihus heyuanensis*）。

吕君昌等（2009）对在东源县蝴蝶岭建筑工地发现的一枚食肉恐龙牙齿进行研究，虽然化石保存不太完整，但是结合牙齿的形态、大小等特征，认为该牙齿化石属于霸王龙类。该牙齿化石的发现为以后晚白垩世地层中发现霸王龙类骨骼化石提供了确凿的依据，其发现的层位属于东源组，相当于主田组中上部—浈水组，时代属于坎潘期—马斯特里赫特期。

Tanaka等（2012）对河源盆地发现的461枚恐龙蛋宏观形态特征（蛋的直径、形态、厚度以及表面结构）进行统计学分析，将蛋的宏观形态差异作为鉴定蛋化石属种的依据，统计分析结果表明，可以将河源发现的恐龙蛋分为三类：第一类形状为球形至椭球形，外壳粗糙不平，可能以鸟臀目、蜥脚类和镰刀龙类恐龙的为代表；第二类长形，外壳具脊状纹饰为特征，为窃蛋龙类所产；第三类长形，具光滑的蛋壳外表面，为伤齿龙类所产。

河源盆地仅有为数不多的恐龙蛋类型被研究报道（方晓思等，2005；Lü et al., 2006），并且这些类型的分类有效性存疑（赵资奎等，2015）。赵资奎等（2015）通过对比风光村树枝蛋的蛋壳径切面显微结构，认为该标本的气孔道密集，具有典型的蜂窝蛋科的特征，不属于树枝蛋科；由于在蛋壳径切面上并未见到次生壳单元，将其归于副蜂窝蛋属；该蛋种的壳单元细长，与田思村副蜂窝蛋粗壮的壳单元和国清寺副蜂窝蛋具分枝的壳单元明显不同，将其修订为风光村副蜂窝蛋（*Parafaveoloolithus fengguangcunensis*）。赵资奎等（2015）认为三王坝副圆形蛋化石的大小、蛋壳厚度及锥体层所占比例，都与二连副圆形蛋近似，但没有更多的特征可供对比；从蛋壳径切面的显微结构来看，蛋壳外表面已经被风化侵蚀掉

图1-10 黄氏河源龙正型标本

图1-11 吕君昌在河源市博物馆修复恐龙骨骼（2007年）

图1-12 2004年11月，河源市博物馆获得馆藏恐龙蛋数量最多的"吉尼斯世界纪录"

图 1-13 河源恐龙博物馆万枚恐龙蛋展区

一部分，无法得知蛋壳完整时的厚度及近外表面的特征，所以不能确定这个标本能否代表一个独立的蛋种。由于石笋蛋科的成员蛋壳近内表面的部分与副圆形蛋属的很相似，所以也不能确定这个标本是否应该归入副圆形蛋属或是石笋蛋科，因此将它作为属种均存疑的蛋种保留下来。赵资奎等（2015）认为河源棱柱形蛋不确定能代表一独立蛋种。

截至2021年年底，河源盆地已发现并由河源市博物馆收藏达19 600多枚恐龙蛋（包括大量成窝保存的蛋）（图1-12，图1-13）。大量的恐龙蛋发现于由砾岩、砂岩形成的丹霞地貌中。这种类型的埋藏环境是非常独特的，对于研究不同类型恐龙筑巢产卵的行为具有非常重要的意义。同时，在河源盆地发现的黄氏河源龙，不仅丰富了我国窃蛋龙类的化石点，而且对于窃蛋龙类的起源、演化、分布迁移及河源盆地的古地理、古环境的研究提供了重要的信息。

第二章

河源盆地
基础地质

河源棱柱形蛋

源城区三王坝含恐龙蛋地层

第一节　　河源盆地研究简史

河源盆地是一个受新华夏系河源（东江）大断裂主干构造控制的断陷盆地，呈北东向展布，形状不规则，从广东省惠州市博罗县杨村镇至河源市东源县仙塘镇长约62 km，南部宽阔（10～20 km），北部狭长（5～8 km），面积720 km²，是广东省十大红盆之一（凌秋贤和张显球，2002）。河源盆地北部是指河源市南郊大塘埔前以北地区，其形状近似半月形，北北东向，南北长21 km，东西宽6～8 km，面积约160 km²（图2-1）。由于西北侧河源大断裂的长期活动，沉积中心偏于西侧，不断由东南向西北方向转移，形成倾向北西的单斜盆地，倾角为24°～38°（吕君昌，2005）。

河源盆地基础地质的研究始于20世纪50年代末，广东省地质局762队（1958—1959）[①]、新丰江地质队（1961—1964）[②]、王景钵等（1963）[③]、劳秋元等（1963）[④]、李存悌等（1963）、李子舜（1964）[⑤]、李时若和唐吉阳（1966）、广东省地质局综合研究大队（1969）[⑥]、中国人民解放军791部队地质队（1971）、惠阳地质队（1974）、李时若（1972、1977）[⑦⑧]、张显球（1979）[⑨]、十二普（1983）[⑩]、王慧芬等（1986）[⑪]先后研究过河源盆地红层，但这期间的论著大多未公开发表（凌秋贤和张显球，2002）。这一阶段河源盆地生物地层研究取得了3个非常重要的发现：① 新丰江队在埔前、大面前等地的红层中发现腹足类和瓣鳃类化石，并将下部红层划归古近系丹霞群；② 1971年，791部队地质队在盆地北部发现长形蛋化石，并将下部红层改属晚白垩世南雄群；③ 1974年，735地质队在石坝地区钻井中发现介形虫、轮藻、腹足类和瓣鳃类化石，并将杨村—高埔岗玄武岩带以西的新近系红层改属古新统莘庄村组（张显球，1979）或古近系垆心组（十二普，1983）。

---

① 广东省地质局 762队．1959．1/20万《河源幅》区测报告书．
② 广东省地质局新丰江地质队．1964．广东河源、紫金、博罗、龙门等县新丰江地区1/10万区域地质测量报告．
③ 王景钵等．1963．河源盆地红色系构造—岩相物征的初步探讨（科研专题）．
④ 劳秋元等．1963．河源盆地的红层//中国地质学会第三十二届学术年会论文选集．
⑤ 李子舜．1964．关于河源盆地红层时代的初步认识．
⑥ 广东省地质局综合研究大队．1969．1/20万《河源幅》区域地质调查报告．
⑦ 李时若．1972．广东河源盆地红层的划分与对比问题．中南地质科技简报．
⑧ 李时若．1977．河源盆地红层斜层理的类型．广东地质科技．
⑨ 张显球．1979．广东河源盆地早第三纪介形虫化石．石油地质科技．
⑩ 地矿部十二普．1983．广东白垩纪—第三纪盆地图册及说明书．
⑪ 王慧芬等．1986．应用火山岩K-Ar年龄探讨中国中新生代地质界线//第三届全国同位素地球化学学术讨论会论文（摘要）汇编．

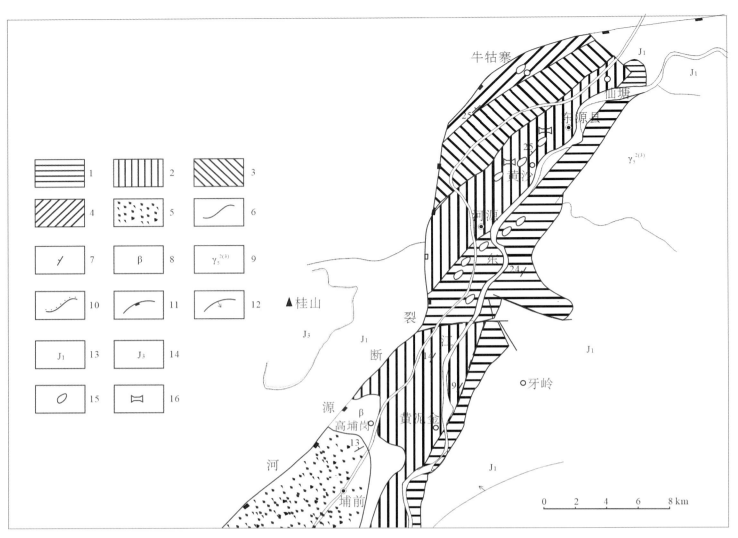

图2-1 河源盆地地质略图（据凌秋贤和张显球，2002修改）

1. 大凤组；**2.** 主田组；**3.** 浈水组；**4.** 丹霞组；**5.** 莘庄村组；**6.** 地层界线；**7.** 岩层产状；**8.** 玄武岩；**9.** 燕山三期黑云母花岗岩；**10.** 不整合；**11.** 大断裂；**12.** 断层；**13.** 下侏罗统；**14.** 上侏罗统；**15.** 恐龙蛋；**16.** 爬行类

第二节　河源盆地红层划分与对比

河源盆地北部的白垩系及古近系红层是一套沉积较粗的红色碎屑岩，以砾岩、砂砾岩、含砾不等粒砂岩特别发育为主要特色（吕君昌，2005）。新丰江地质队（1964）和1/20万《河源幅》区调报告（1969）大致以杨村—高埔岗玄武岩带为界，将河源盆地红层划分为上、下或新、老两套红层。依据茜沥—大面前剖面和大坑—简下垄剖面，将玄武岩带以西划归上第三系（新近系）或神岭坑群；依据下村—长龙剖面和下塘—奎溪剖面，将玄武岩带以东划归下第三系（古近系）丹霞群，再细分为第一、二、三、四、五组或a、b、c、d、e组，初步建立了河源盆地的地层层序，为以后的研究奠定了基础（凌秋贤和张显球，2002）。

自1996年以来，在河源盆地发现大量恐龙蛋、恐龙骨骼和恐龙足迹，河源盆地红层得到了广泛的关注，但是关于河源盆地晚白垩世含恐龙蛋红层的划分与对比存在着很大的争议（表2-1）。

大致可以分为三种观点：一种观点引用三水盆地红层来划分河源盆地的含恐龙骨骼、恐龙蛋岩层，吕君昌等（2000）最初在研究黄氏河源龙时认为河源产恐龙骨骼地层为大塱山组。一种观点认为河源红层的划分可以同南雄盆地进行对比，如张韦和黄蓬源（1999）将河源红层划分为南雄组；凌秋贤和张显球（2002）将河源红层与南雄盆地红层进行对比，将白垩系划分为大凤组、主田组和浈水组；吕君昌（2005）引用张显球观点将这套红层划分为大凤组、主田组和浈水组，并与南雄盆地进行了对比。还有一种观点则认为河源盆地红层划分应不同于南雄盆地和三水盆地，张显球等（2005）认为河源盆地无论从岩性组合、沉积物粒度、生物群面貌等，都有自己的特征，与典型地区的丹霞群或南雄群都有较大区

别，层位不完全相当，时代也有差异，其岩石地层名称不宜直接套用丹霞群（组）或南雄群等，应另立地层名称，且北部和南部岩性还有差别，地层名称也应有所区别。方晓思等（2005）以河源盆地到吉—牛牯寨上白垩统—古近系剖面（图2-2），建立了河源盆地新的地层单位，划分为仙塘组、东源组，认为产恐龙蛋的东源组顶部可作为白垩系—古近系界线层。剖面以东源县仙塘镇观塘石场为起点（N23°46′24.7″，E114°45′34.7″），大体北西方向，止于河源东北牛牯寨附近的"河源断裂"。到吉—牛牯寨剖面下伏地质体为花岗岩，其上与一套棕黄色砾岩、紫红色高泥质砂岩（常龙砖窑场N23°46′32.5″，E114°45′26.9″）不整合接触，这一岩石地层被命名为仙塘组，该组厚约500 m，时代为晚白垩世。再经翟屋村、木京电站（N23°47′33.3″，E114°45′12.4″）、坝尾沙场（N23°47′7.4″，E114°43′34.5″）、明红厂，地层以暗紫色、紫红色砾岩、砂砾岩沉积为主，并以明红厂西北150 m处的1层厚约2 m的灰绿色泥岩（N23°47′29.9″，E114°43′23.4″）为其顶界，这套地层被命名为东源组。该组与下伏的仙塘组整合接触，厚约1 700 m，产有黄氏河源龙、恐龙脚印、龟鳖类化石和蛋化石。东源组上覆出露的灰、灰紫色砂岩和205国道以北出现的紫红、灰紫色砂岩的地层，沿用原命名的"格岭组"（"格岭组"已经过修订，仅相当于1977年李时若命名的"格岭群"的b～c组，即灰绿色泥岩以上，一套不含蛋化石，以紫红、暗褐色为特征的砂岩、细砾岩，间夹粗砾—巨砾岩层），该组厚约1 500 m，与下伏东源组整合接触，与上覆花岗岩断层接触，时代为古近纪（？）。

张显球等（2005）认为仙塘组分布于河源盆地的东缘和南缘，下部为粗碎屑岩，上部为含砾不等粒砂岩、泥

表2-1　河源盆地地层划分沿革

新丰江地质队 (1964年)		1/20万《河源幅》(1969年)	李时若 (1972年)	李时若 (1977年)	张显球 (1979年)	十二普 (1983年)	广东省地质志 (1988年)	凌秋贤、张显球 (2002年)		方晓思 (2005年)	
新近系	神岭坑群 (N)	新近系	新近系 神岭坑群 (N)	神岭坑群 (N)	古新统 莘庄村组	古近系 垻心组 (Eb)		莘庄村组 (E₁)		古近系 (?)	格岭组
古近系 丹霞群 E	第五组	Ednᵉ	Edx⁵	c组		e	上部	丹霞组	上白垩统古新统		东源组
	第四组	Ednᵈ	Edx⁴ 格岭群 E	b组	上白垩统		中部	上段 涑水组	南雄群	上白垩统	
	第三组	丹霞群 E 古近系 丹霞群	Ednᶜ Edx³	a组	南雄群	上白垩统 南雄群	d	下段			
	第二组						c	主田组			仙塘组
	第一组	Ednᵇ	Edx² K₂	南雄群		b					
		Ednᵃ	Edx¹			a	下部	大凤组			

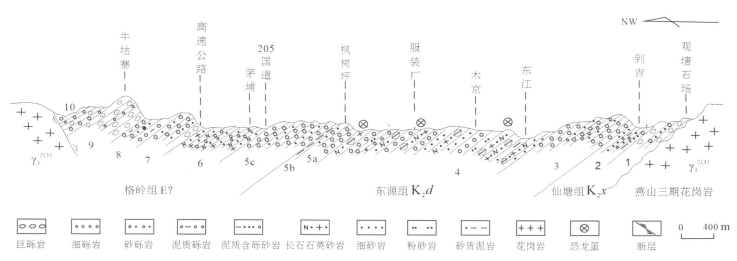

图2-2　东源县到吉—牛牯寨上白垩统—古近系剖面（据方晓思等，2005）

巨砾岩　　细砾岩　　砂砾岩　　泥质砾岩　　泥质含砾砂岩　　长石石英砂岩　　细砂岩　　粉砂岩　　砂质泥岩　　花岗岩　　恐龙蛋　　断层　　　0　　400 m

质砂岩，顶部为熔结火山角砾岩或凝灰质泥岩，未发现化石，其岩性特征大致可与南雄盆地江头剖面南雄群的底部进行对比，时代暂归晚白垩世早期。东源组分布在盆地中部，岩性相对较细，细砾岩、含砾砂岩特别发育，以富含灰绿色灰质结核、斑点、斑块及富含蛋化石及窃蛋龙类化石为主要特征。根据蛋化石东源组可与南雄盆地南雄群对比，但是两者岩性不同，东源组沉积物粒度粗、粉砂岩和泥岩少、生物群面貌单调，而南雄群沉积物较细、细碎屑岩发育、粗碎屑岩少、生物丰富多彩。东源组岩性特征和生物群面貌与丹霞盆地丹霞组无法对比，但层位大体相当，时代均属晚白垩世。格岭群与李时若（1977）的原义不同，是一套粗碎屑的砾岩、巨砾岩，岩性和地貌特征与丹霞盆地丹霞组非常相似，可以进行对比，但丹霞组产晚白垩世的介形虫和轮藻化石，古地磁测定也认为属晚白垩世。格岭群未发现化石，依据下伏东源组推断暂归晚白垩世最晚期至古新世，似比丹霞组层位高、时代新；格岭群与南雄盆地罗佛寨群层位大体相当，但岩性不同。

吕君昌等（2009）对东源县蝴蝶岭一带建筑工地发现的霸王龙牙齿进行研究，认为发现牙齿的岩层为东源组紫红色中—细粒砂岩，且东源组可以同南雄盆地的主田组中上部—浈水组相对比，而南雄盆地主田组中上部—浈水组又相当于坎潘阶—马斯特里赫特阶。此外，东源组中发现的黄氏河源龙特征与发现于蒙古纳摩盖特盆地纳摩盖特组的纳摩盖特慈母龙（*Nemegtomaia*）关系密切，而纳摩盖特组的时代属于马斯特里赫特期的早期，据此认为河源盆地产霸王龙类的层位不会晚于马斯特里赫特期的早期。

第三章

河源盆地
恐龙蛋多样性

网纹副长形蛋

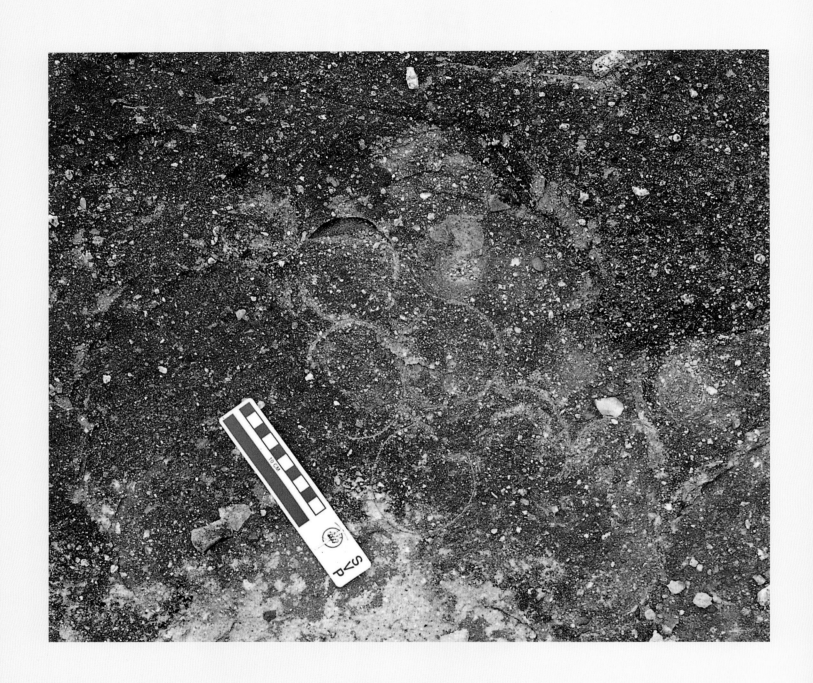

河源恐龙化石自然保护区野外露头的恐龙蛋

第一节　河源盆地恐龙蛋系统古生物学

河源盆地恐龙蛋自1996年开始被大量发现，由于多数标本是在建筑施工过程中被发现，因此蛋窝结构或蛋体破碎较为严重，一定程度上制约了河源盆地恐龙蛋的分类学研究。2010年以来，河源市博物馆加强了对河源市域内房地产新开工项目的巡查，发现了大量的恐龙蛋、恐龙骨骼化石线索，获取了不同类型恐龙蛋化石所在点的基础地质信息，同时抢救性地采集到一定数量的恐龙蛋、恐龙骨骼等重要古生物标本，这些都为开展河源盆地恐龙蛋系统分类学研究奠定了基础。

我们对河源市博物馆的早期馆藏标本和近年新发现的标本进行了筛选，在分类学研究方面得到了一些初步成果，现描述如下。

长形蛋科

长形蛋科是由赵资奎（1975）依据发现于山东莱阳和广东南雄的恐龙蛋建立的。目前，已知的长形蛋科的成员广泛发现于亚洲的白垩系地层，包含8蛋属18蛋种，其中有2个蛋属2个蛋种分别产自蒙古国和我国辽宁省的下白垩统地层，在北美的两个蛋属*Porituberoolithus*和*Continuoolithus*也被认为可能为长形蛋科的成员（赵资奎等，2015）。此外，有一些蛋属和蛋种（薛祥煦等，1996；方晓思等，2000，2003，2007，2009）被随后的研究修订为长形蛋科相关蛋属、蛋种的同物异名（赵资奎等，2015）。

河源盆地发现的长形蛋类蛋化石标本数量相对其他类型较少，我们选取了其中几枚开展了分类学研究，这些标本可以分为3蛋属3蛋种，分别为长形长形蛋（*Elongatoolithus elongatus*）、瑶屯巨形蛋（*Macroolithus yaotunensis*）和网纹副长形蛋（*Paraelongatoolithus reticulatus*）。

长形蛋科 Elongatoolithidae Zhao，1975
长形蛋属 *Elongatoolithus* Zhao，1975

长形长形蛋　*Elongatoolithus elongatus*（Young，1954）Zhao，1975

归入标本　H00111，H00112A，H00112B，H00143，H00169，H04422，收藏于河源市博物馆。

产地及层位　河源市福新工业区、风光村、胜利村、黄沙村等地，上白垩统东源组。

描述　蛋体长形，蛋壳外表面具脊状纹饰（图3-1A、B、F）。在数件河源市博物馆收藏的标本中，H04422的蛋体最为完整（图3-1F），蛋体长径约11.1 cm，受压扁后的最大宽度为5.5 cm。对多个恐龙蛋蛋壳切片测量得到，这些标本不含纹饰的蛋壳厚度范围为0.72～0.85 mm，含纹饰的蛋壳厚度范围为0.80～1.07 mm。蛋壳分为锥体层和柱状层，锥体层由排列紧密的一层锥体组成，厚度范围为0.17～0.27 mm。柱状层与锥体层之间由一起伏的不截然界线分隔，在柱状层中可见平行且密集的生长纹，生长纹起伏与外表面纹饰起伏一致。

图3-1 长形长形蛋（*Elongatoolithus elongatus*）形态和蛋壳径切面

A. 保留一半的标本（H00112A）；**B.** 两端破碎，仅保留中间部分的标本（H00112B）；**C.** H00112A的蛋壳径切面；**D.** H00112B的蛋壳径切面；**E.** H00169的蛋壳径切面；**F.** 一枚较完整标本（H04422）；**G.** H04422的蛋壳径切面

河源发现长形蛋的蛋体大小、蛋壳外表面纹饰形态、蛋壳厚度、锥体层与柱状层的不截然界线等特征，均较好地归入长形蛋科的模式蛋种长形长形蛋的变异范围内（赵资奎等，2015），因而可作为该蛋种的归入标本。

长形蛋的分布较为广泛，其模式标本发现于山东省莱阳市上白垩统金刚口组（赵资奎，1975），在秦岭东部的陕西山阳盆地、河南西峡盆地的上白垩统中也较为常见，此外，在与河源市较近的广东省南雄盆地的上白垩统坪岭组中，长形长形蛋也是十分重要的蛋化石类型。因此，长形长形蛋是晚白垩世地层中较为典型的长形蛋类蛋种，东源组中的长形长形蛋材料为该地层属晚白垩世时期这一观点提供了化石证据。

方晓思等（2005）记述的木京水电站—黄沙服装厂一带标本，为长形长形蛋（薄片号05HY-5，05HY-6，05HY-9和05HY-10）。

副长形蛋属 *Paraelongatoolithus* Wang et al.，2010

网纹副长形蛋　*Paraelongatoolithus reticulatus* Wang et al.，2010

归入标本　H05009，收藏于河源市博物馆。

产地与层位　河源大学城洋潭村，上白垩统东源组。

描述　蛋长形，两枚一组，长径分别为120 mm和130 mm，赤道直径分别为55 mm和60 mm（图3-2A），形状指数约为46。蛋壳外表面具网状纹饰。蛋壳较薄，厚度0.50～0.60 mm。锥体层厚度 0.15～0.17 mm。锥体发达，有明显的放射状结构及锥体间隙（图3-2B、C）。柱状层中壳单元之间的界线在偏光镜下清楚可见，生长纹略呈波浪形。柱状层厚度与锥体层厚度之比大约为2:1。这些特征同浙江天台盆地发现的网纹副长形蛋一致，且河源标本保存较为完整，两枚一组，具有长形蛋类典型的特征，也更进一步支持了网纹副长形蛋归入长形蛋类的合理性。同时，河源网纹副长形蛋标本也是目前我国境内发现的第二件该类型标本。

巨形蛋属 *Macroolithus* Zhao，1975

瑶屯巨形蛋　*Macroolithus yaotunensis* Zhao，1975

归入标本　H05000，H04427，收藏于河源市博物馆。

产地与层位　河源市风光村，上白垩统东源组。

描述　蛋化石长形，蛋壳外表面具小瘤状纹饰，或由数个小瘤连接成链条状纹饰（图3-3A、B）。蛋壳厚度（含纹

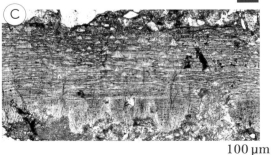

图3-2　网纹副长形蛋（*Paraelongatoolithus reticulatus*）形态与蛋壳径切面
A.　一组两枚较为完整、缺失部分蛋壳的网纹副长形蛋（H05009）；**B，C.**　蛋壳径切面，锥体有明显的放射状结构、锥间隙明显，锥体层与柱状层界线不明显

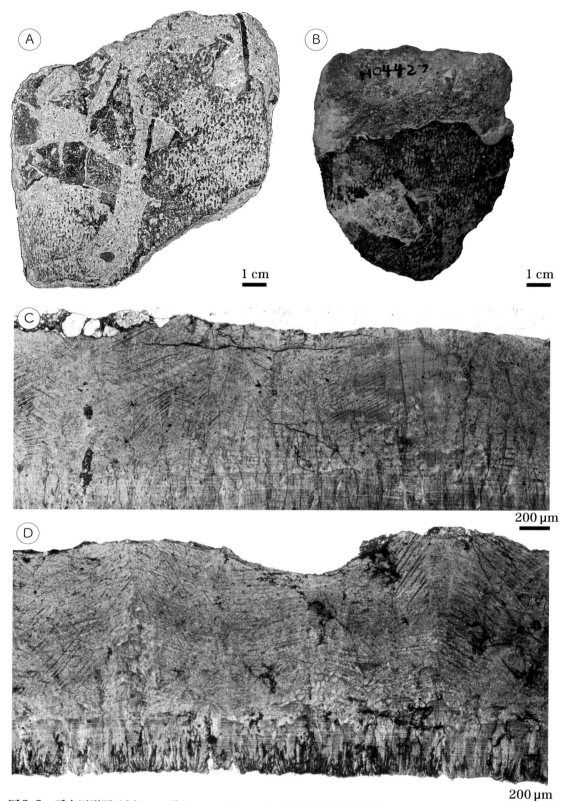

图3-3 瑶屯巨形蛋（*Macroolithus yaotunensis*）形态和蛋壳径切面

A. 两端缺失压扁的半枚恐龙蛋（H05000）；**B.** 尖端保存的半枚恐龙蛋（H04427）；**C.** 标本 H05000的蛋壳径切面，可见排列紧密的壳单元，锥体层与柱状层界线明显、近水平，外表面缺失不完整；**D.** 标本H04427蛋壳径切面，示锥体层与柱状层界线明显，锥体排列紧密，纹饰凸起处向外凸出

饰）1.50～1.83 mm，锥体层和柱状层之间的分界线明显，局部水平或波浪形（图3-3C、D）。在波峰处锥体层厚度0.42～0.45 mm，在波谷处锥体层厚度0.36～0.38 mm。柱状层厚度与锥体层厚度之比大约为3：1。

方晓思等（2005）记述的木京坝尾沙场口公路对面标本，为瑶屯巨形蛋（薄片号05HY-11）。

棱柱形蛋科

棱柱形蛋类1979年首次在美国蒙大拿州西部上白垩统的Two Medicine 组中被发现（Horner et Makela，1979）。Hirsch和Quinn（1990）研究了这些蛋壳的显微结构，发现其主要特征是壳单元呈棱柱形、细长，排列紧密，与今颚鸟类的蛋壳组织结构模式相似。Horner和Weishampel（1996）认为这些蛋中所含胚胎骨骼应属于一种小型兽脚类恐龙：伤齿龙（*Troodon* cf. *formosus*）。

赵资奎和李荣（1993）记述了在我国内蒙古自治区乌拉特后旗巴音满都呼上白垩统牙道赫塔组发现的一窝较为完整的蛋化石，认为这些蛋化石在蛋窝中的排列方式及蛋壳的结构特征与上述在美国蒙大拿州发现的标本非常相似，故命名其为戈壁棱柱形蛋（*Prismatoolithus gebiensis*），但是蛋科名未定。

Hirsch（1994）采用赵资奎提出的恐龙蛋化石的分类和命名方法，记述了在美国科罗拉多州西部上侏罗统Morrison组发现的蛋化石标本，将其命名为*Prismatoolithus coloradensis*，并建立了棱柱形蛋科（Prismatoolithidae）。随后Zelenitsky和Hills（1996）将其订正为*Preprismatoolithus coloradensis*。

目前，世界上有正式记录的棱柱形蛋科有4蛋属12蛋种，其中时代为晚侏罗世的有美国的*Preprismatoolithus coloradensis*（Hirsch，1994；Zelenitsky et Hills，1996）；属于晚白垩世的，在中国有2蛋属5蛋种，分别为*Prismatoolithus gebiensis*，*P. hukouensis*，*P. tiantaiensis*，*P. heyuanensis*?，*Laiyangensis lixiangensis*；蒙古国有*Protoceratopsidovum*1蛋属3蛋种（Mikhailov，1994a）；法国有*Prismatoolithus tenuius*和*Prismatoolithus matellensis*（Vianey-Liaud et Crochet，1993）；美国蒙大拿州上白垩统Two Medicine组（Hirsch et Quinn，1990）和加拿大阿尔伯塔上白垩统Oldman组的*Prismatoolithus levis*（Zelenitsky et Hills，1996；Zelenitsky et al.，2002）。

棱柱形蛋科 Prismatoolithidae Hirsch，1994
棱柱形蛋属 *Prismatoolithus* Zhao et Li，1993

河源? 棱柱形蛋   *Prismatoolithus heyuanensis*? Lü，Azuma，Huang，Noda et Qiu，2006

正模   HYDM V-20，3枚蛋化石组成的一不完整蛋窝，收藏于河源市博物馆。
产地与层位   广东省河源市风光村，上白垩统东源组。

吕君昌等（2006）记述该蛋种的特征为蛋化石长形（图3-4A），长径约为115 mm，赤道直径约为48.60 mm，形状指数42。蛋壳外表面无明显纹饰，但有小的凹坑。蛋壳厚度约为0.60 mm，锥体层与柱状层界线可见，二者厚度之比为1：3.3，生长纹不明显。蛋壳内表面有大量小孔。赵资奎等（2015）认为吕君昌等（2006）记述的河源棱柱形蛋（*Prismatoolithus heyuanensis*），其蛋壳的内外表面都有部分缺失，而且可能由于受成岩作用的影响，在柱状层中的柱体有的还显现出"鱼骨型"的结构特征（图3-4B，图3-5A），因此目前还不能完全确定这些蛋化石标本是否代表一独立蛋种。

石笋蛋科

石笋蛋科（Stalicoolithidae）是由王强等2012年建立的蛋科。该蛋科的蛋化石外形近球形，少数近椭圆形。这类恐龙蛋最早发现于蒙古国南戈壁的上白垩统中，由于蛋壳气孔道形状不规则，呈裂隙状，Sochava（1969）将其归入裂隙形气孔道蛋壳类型（prolatocanaliculate type）。20世纪90年代，Mikhailov（1994b，1997）在研究蒙古国南戈壁的这类标本时，将其归入树枝蛋科（Dendroolithidae），并分命名为*Dendroolithus verrucarius*和*Dendroolithus microporosus*。Huh和Zelenitsky（2002）将韩国全罗南道上白垩统发现

图3-4 河源？棱柱形蛋 *Prismatoolithus heyuanensis*？（HYDM V-20）（赵资奎等，2015）
A. 由3枚蛋化石组成的一不完整蛋窝；**B.** 蛋壳径切面；**C.** 蛋壳弦切面

的这类标本归入圆形蛋属（*Spheroolithus* oosp.）。王强等（2012）记述了在浙江省天台县双塘、桥下村等地发现的始丰石笋蛋（*Stalicoolithus shifengensis*）和石嘴湾珊瑚蛋（*Coralloidoolithus shizuiwanensis*），认为这两个蛋种的蛋壳形态结构特征与 Mikhailov（1994b，1997）蒙古国南戈壁的标本较为相似。除气

孔道形状不规则外，最显著的特征是柱状层很厚，近外表面具有一层松散排列的粗细不等、长短不一的石笋状次生壳单元，不同于其他已知的任何蛋科，因此建立了新的蛋科：石笋蛋科（Stalicoolithidae），同时将赵资奎等（1991）在广东南雄盆地上白垩统坪岭组发现的艾氏始兴蛋（*Shixingoolithus erbeni*）归入石笋蛋科。

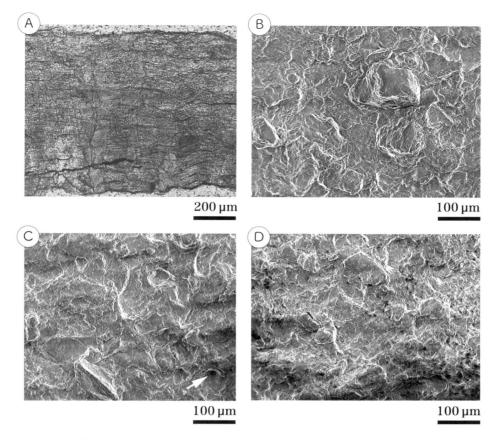

图3-5 河源？棱柱形蛋 *Prismatoolithus heyuanensis*？（HYDM V-20）（SEM）
（赵资奎等，2015）
A. 蛋壳径切面；**B，C.** 蛋壳外表面，C中箭头所示为气孔；**D.** 蛋壳内表面

截至目前，除蒙古国与韩国的少量记录外，石笋蛋类化石主要发现于我国上白垩统地层，包括广东省、浙江省、江西省、安徽省、河南省、内蒙古自治区、新疆维吾尔自治区等地。河源市博物馆馆藏化石中包含了大量石笋蛋类标本。

河源市博物馆庞大的化石馆藏中，约1/4为石笋蛋类标本，主要发现于源城区、东源县、江东新区、紫金县等地的上白垩统地层中，它们是河源盆地晚白垩世中主要的恐龙蛋类群之一。

石笋蛋属 *Stalicoolithus* Wang, et al.，2012

始丰石笋蛋　*Stalicoolithus shifengensis* Wang,
　　　　　　et al.，2012

归入标本　H02328，一个含至少16枚蛋与4个不完整蛋体或印痕的蛋窝，收藏于河源市博物馆。
产地与层位　河源市大同路，上白垩统东源组。

描述　恐龙蛋呈近球形，长径平均为10.00 cm，赤道直径平均为8.50 cm，在蛋窝中呈不规则堆叠（图3-6A）。蛋壳厚度约2.30 mm，蛋壳内、外表面多受到剥蚀，壳单元排列紧密，由锥体层与柱状层构成，两者间连续过渡（图3-6B、D），偏光下呈现柱状消光（图3-6C）。锥体层较薄，保存较差，厚度约0.15～0.20 mm，约占蛋壳厚度的1/15（图3-6B、D）。柱状层约厚2.10 mm，径切面上由内向外可分为内层、中间层和外层；内层厚1.20 mm，约占蛋壳厚度的3/5，发育致密的生长纹；中间层厚度约0.55 mm，约占蛋壳厚度的1/5，为透亮的方解石微晶，生长纹较弱，发育少量次生壳单元；外层厚度约为0.35 mm，约占蛋壳厚度的2/15，几乎全部由次生壳单元组成（图3-6B、D）。径切面上，气孔呈现蠕虫状（图3-6B），弦切面可见孔径在内层上部有收缩的趋势，形态呈较规则圆形（图3-6E），部分气孔圈闭（图3-6F），进入中间层后孔径普遍开始增大，形状多样（图3-6G、H）。

该标本于2015年在大同路南的改造施工时被发现，与天台发现的始丰石笋蛋正型标本相比仅厚度较薄，宏观与显微特征较为一致，将该标本归入始丰石笋蛋。

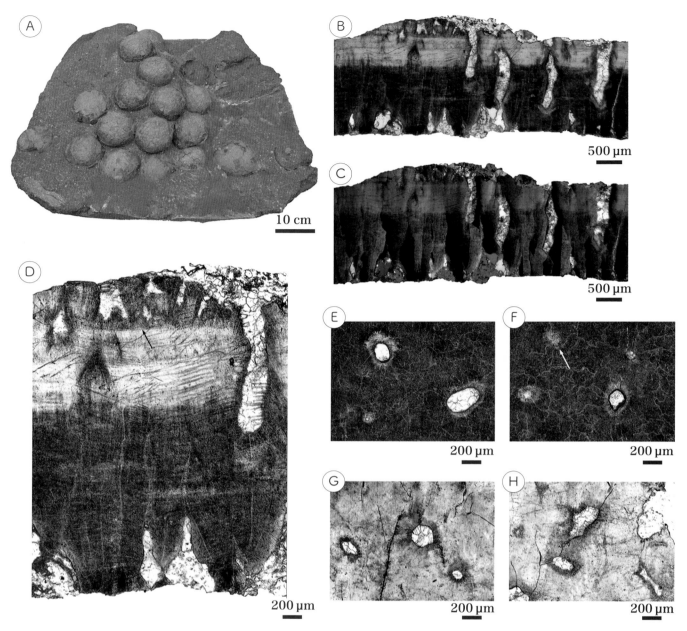

图3-6 始丰石笋蛋（*Stalicoolithus shifengensis*）（H02328）蛋窝结构和蛋壳显微结构
A. 修复后的蛋窝；**B.** 普通光下蛋壳径切面；**C.** 偏光下蛋壳径切面，壳单元柱状消光；**D.** 蛋壳径切面的局部放大，黑色箭头指示外层次生壳单元；**E.** 柱状层内层弦切面，气孔形态规则；**F.** 更高层位柱状层内层弦切面，气孔孔径缩小，白色箭头指示部分气孔圈闭；**G，H.** 柱状层中间层弦切面，气孔孔径普遍开始增大，形状多样

石笋蛋属 *Stalicoolithus* Wang, et al.，2012

始丰石笋蛋 *Stalicoolithus shifengensis* Wang, et al.，2012

归入标本 H200821-3，收藏于河源市博物馆。
产地与层位 河源市紫金县临江镇联新村，上白垩统东源组。
描述 径切面上保存相对完整，蛋壳厚2.58～2.70 mm，

由锥体层和柱状层构成，两者间连续过渡，柱状层尤其是近外表面发育大量次生壳单元，可分为内层、中间层和外层（图3-7A），壳单元柱状消光（图3-7B），荧光下生长纹连续至外表面，越向外表面荧光效果越强（图3-7C）。锥体层厚度0.18～0.26 mm，锥体排列紧密（图3-7A、D、E），锥体宽0.23～0.36 mm，楔体呈放射状（图3-7E），几乎无荧光特征（图3-7F）。柱状层厚约2.30～2.45 mm，可分为内层、中间层和外层；内层厚度1.17～1.38 mm，发育致密的生长纹

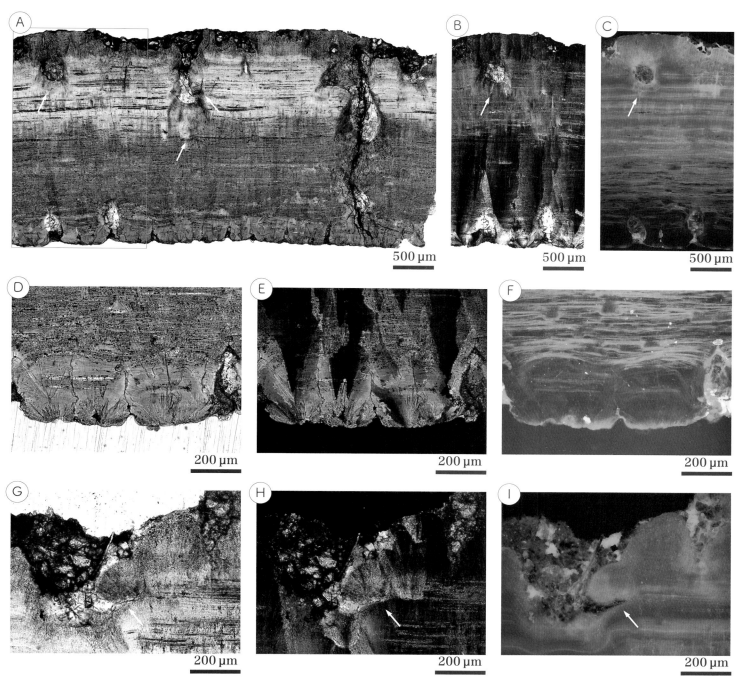

图3-7 始丰石笋蛋（*Stalicoolithus shifengensis*）（样品编号H200821-3）蛋壳显微结构特征（白色箭头指示次生壳单元）
A. 普通光下蛋壳径切面；**B.** A图中红框部分正交偏光下蛋壳径切面，壳单元柱状消光；**C.** A图中红框部分蛋壳径切面荧光照片；**D.** 普通光下径切面锥体层；**E.** 正交偏光下径切面锥体层；**F.** 径切面锥体层荧光照片；**G.** 普通光下径切面柱状层外层，大量次生壳单元；**H.** 正交偏光下径切面柱状层外层；**I.** 径切面柱状层外层荧光照片

（图3-7A、D）；中间层厚度0.85～0.93 mm，由透亮的方解石晶体构成，含大量暗色条带（图3-7A），出现次生壳单元（图3-7A）；外层保存不完整，约0.40 mm，由大量次生壳单元构成（图3-7G、H、I）。气孔形态不规则。

石笋蛋属 *Stalicoolithus* Wang et al.，2012

石笋蛋未定蛋种 *Stalicoolithus* oosp.

归入标本 H05008，至少11枚恐龙蛋的蛋窝与部分碎蛋片，收藏于河源市博物馆。

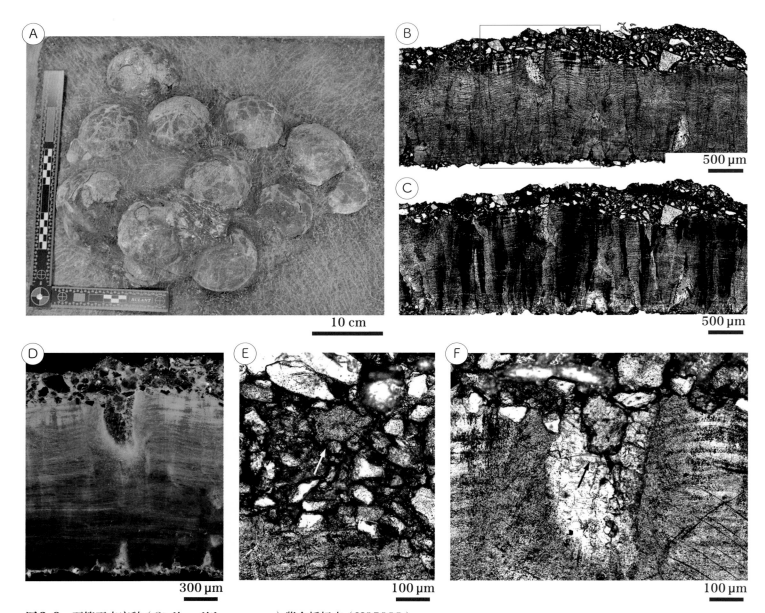

图 3-8 石笋蛋未定种（*Stalicoolithus* oosp.）紫金桥标本（H05008）

A. 修复后的蛋窝；**B.** 普通光下蛋壳径切面，蛋壳遭受重结晶；**C.** 正交偏光下蛋壳径切面，壳单元柱状消光；**D.** B 图局部放大的荧光照片；**E.** 普通光下柱状层的中间层、外层，发育次生壳单元（白色箭头指示次生壳单元）；**F.** 普通光下柱状层的中间层、外层，次生壳单元重结晶

产地与层位 江东新区紫金桥头，上白垩统东源组。

描述 恐龙蛋呈近球形（图 3-8A），直径约 11.00 cm，于蛋窝中不规则堆叠（图 3-8A）。蛋壳保存不完整，保留下的蛋壳厚度为 1.70 mm，壳单元排列紧密，蛋壳经历重结晶，结构界线不清晰，由锥体层与柱状层构成，两者间连续过渡（图 3-8B），正交偏光下柱状消光（图 3-8C）。锥体层较薄，厚 0.15 mm，锥体排列紧密（图 3-8B）。柱状层约厚 1.60 mm，可对应石笋蛋类分类中的内层、中间层的划分，明显可见外层部分缺失（图 3-8B），越向外表面，荧光效果越强（图 3-8D）；内层厚 0.90 mm，发育

致密的生长纹（图 3-8B），荧光效果较弱（图 3-8D）；中间层厚 0.80 mm 左右，与外层界线不清晰，由下部致密结构过渡，具透亮的晶体（图 3-8B），荧光效果相对较亮（图 3-8D），发育少量次生壳单元；外层保存较差，径切面下不清晰，可见部分因切片位置不同导致游离的次生壳单元（图 3-8E），次生壳单元部分经历重结晶（图 3-8F）。径切面上气孔形态不规则。

该标本于 2019 年在修缮紫金桥时被发现，因保存较差，无法对比柱状层外层特征，仅将该标本归入石笋蛋属（*Stalicoolithus*）。该标本经历重结晶，蛋壳径切面镜下可

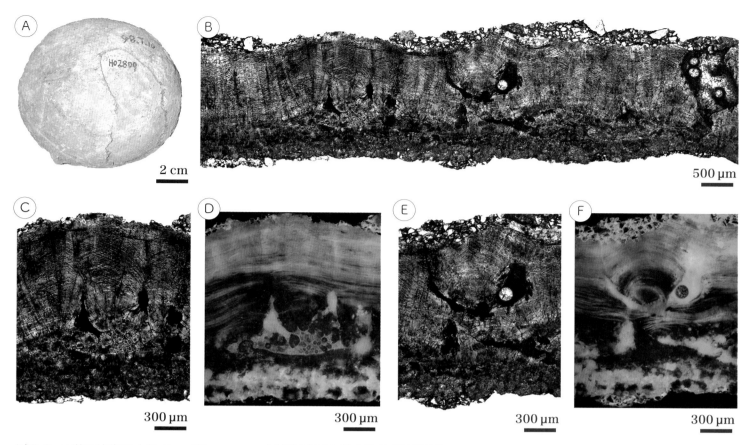

图3-9 石笋蛋未定种（*Stalicoolithus* oosp.）（H02809）标本及蛋壳显微结构
A. 恐龙蛋宏观形态；**B.** 普通光下蛋壳径切面，锥体层堆叠，蛋壳中存在病变结构；**C.** 普通光下径切面局部放大，可见聚集的晶核中心；
D. C图荧光照片；**E.** 普通光下径切面局部放大，可见蛋壳中部形成的晶核中心及不规则空腔；**F.** E图荧光照片

见丰富的解理，内表面受剥蚀影响较小而外表面丢失较多。该标本的意义代表了相当多河源恐龙蛋的保存状态，即蛋体保存相对完整，内外表面遭受剥蚀，而在埋藏后期蛋壳方解石晶体又经历重结晶，结构界线不清晰。

石笋蛋属 *Stalicoolithus* Wang et al.，2012

石笋蛋未定蛋种　*Stalicoolithus* oosp.

归入标本　H02809，收藏于河源市博物馆。
产地与层位　河源市风光村，上白垩统东源组。
描述　恐龙蛋呈近球形，极轴长约9.00 cm，赤道直径约8.50 cm，表面粗糙（图3-9A）。蛋壳厚度1.90 mm，壳单元排列紧密，由锥体层与柱状层构成，部分中间层以及外层缺失（图3-9B）。锥体层厚0.15～0.20 mm，锥体保存较差，荧光特征不明显，部分锥体乳突部分相较于楔体有较强的荧光（图3-9D、F），锥体呈多层堆叠状，部

分区域出现大量晶核中心聚群现象（图3-9A、C、E）。柱状层约厚1.70 mm，可划分为内层、中间层和外层，但外层有丢失，由于晶核中心的杂乱生长，柱状层与锥体层间界线崎岖（图3-9B），内层发育致密的生长纹；中间层由透亮方解石微晶和少量暗色物质组成，荧光特征相较于内层更为明显（图3-9D、F）。该标本由于晶核中心的杂乱生长使气孔形态更为复杂。柱状层内层自锥体层向外有大量成层性晶核中心叠覆生长或杂乱生长，该结构十分独特，也不符合蛋壳生长的一般规律，可能为病态蛋壳。

珊瑚蛋属 *Coralloidoolithus* Wang et al.，2012

石嘴湾珊瑚蛋　*Coralloidoolithus shizuiwanensis* (Fang et al.，1998) Wang et al.，2012

归入标本　H04098-215，收藏于河源市博物馆。

图3-10 石嘴湾珊瑚蛋（*Coralloidoolithus shizuiwanensis*）（H04098-215）宏观形态与蛋壳径切面（白色箭头指示次生壳单元）

A. 恐龙蛋宏观形态三视图；**B.** 普通光下蛋壳径切面；**C.** 正交偏光下蛋壳径切面；**D.** 蛋壳径切面荧光照片

产地与层位 河源市技工学校，上白垩统东源组。

鉴定特征 恐龙蛋呈近球形，长径约8.00 cm，赤道直径约7.00 cm，蛋壳厚度约1.60 mm，外表面丢失，锥体层厚度在0.10～0.20 mm，柱状层保存厚度约1.50 mm，可分为内层、中间层，内层具生长纹，中间层不具透亮晶体，发育条带，具少量次生壳单元等。

描述 恐龙蛋呈近球形，被压扁并伴随蛋体破碎（图3-10A）。蛋壳保存厚度约1.60 mm，壳单元排列紧密，由锥体层与柱状层构成，两者间连续过渡，外层部分缺失（图3-10B，3-11A），正交偏光下柱状消光（图3-10C）。

锥体层厚0.10～0.20 mm，锥体间隙发育，单个锥体宽约0.10 mm，由晶核中心和其周围的楔体构成（图3-11B），放射状排列特征明显，弦切面下具十字消光（图3-11C），锥体荧光效果差（图3-10D）。柱状层保存厚度约1.50 mm，可分为石笋蛋类中常见的内层和中间层，外层缺失，荧光下可见生长纹纵向上连续，越靠近外表面蛋壳的荧光效果越强（图3-10D）：内层厚度0.70 mm，较为致密，发育生长纹；中间层0.80 mm，为松散方解石与细小暗色斑点构成荧光下相对较亮，出现少量独立的次生壳单元（图3-10B），荧光下生长纹清晰（图3-10D）；

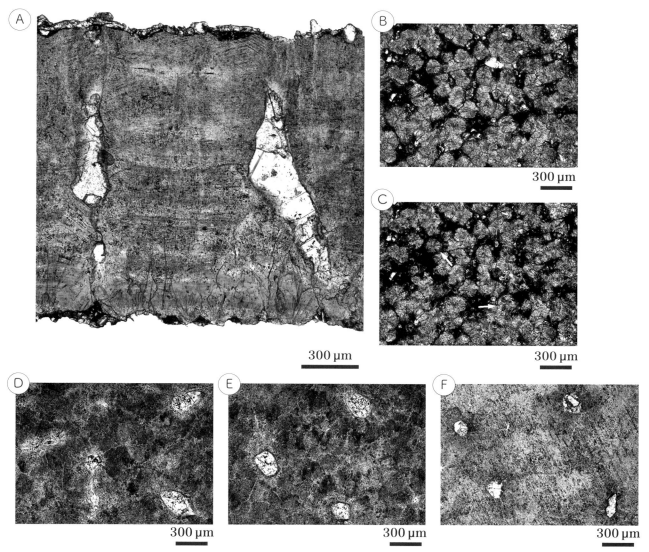

图 3-11 石嘴湾珊瑚蛋（*Coralloidoolithus shizuiwanensis*）蛋壳显微结构特征
A. 普通光下蛋壳径切面；**B.** 普通光下蛋壳锥体层弦切面；**C.** 正交偏光下蛋壳锥体层弦切面，可见锥体十字消光（白色箭头所示）；**D.** 普通光下蛋壳柱状层内层下部弦切面，气孔形状不规则；**E.** 普通光下蛋壳柱状层内层上部弦切面，气孔形状较为规则；**F.** 普通光下蛋壳柱状层中间层弦切面

外层保存较差，不明显。径切面上气孔呈现蠕虫状（图3-11A），弦切面在内层下部的气孔形状不规则（图3-11D），在内层上部气孔具有收缩的趋势，孔径缩小，密度减小，形状更为规则（图3-11E），进入中间层后气孔密度又增大（图3-11F）。

赵资奎等（2015）认为方晓思等（2005）建立的三王坝村副圆形蛋（*Paraspheroolithus sanwangbacunensis*），因无法确定它们应被归入副圆形蛋属还是石笋蛋科中，暂被列为"分类位置不确定的蛋种"。结合目前对河源大量石笋蛋类的蛋壳显微结构对比，三王坝村副圆形蛋应该就是石嘴湾珊瑚蛋（*Coralloidoolithus shizuiwanensis*）。

始兴蛋属 *Shixingoolithus* Zhao et al.，1991

艾氏始兴蛋　　*Shixingoolithus erbeni* Zhao et al.，1991

归入标本　H01266，收藏于河源市博物馆。
产地与层位　河源市风光村，上白垩统东源组。
鉴定特征　恐龙蛋呈近球形，长径约9.50 cm，赤道直径约8.50 cm，蛋壳厚度约1.80 mm，外表面缺失，锥体层厚度约0.15 mm，锥体较为粗壮，柱状层厚度约1.60 mm，可分为内层、中间层和外层，内层具生长纹，中间层由透亮晶体和暗色物质构成等。

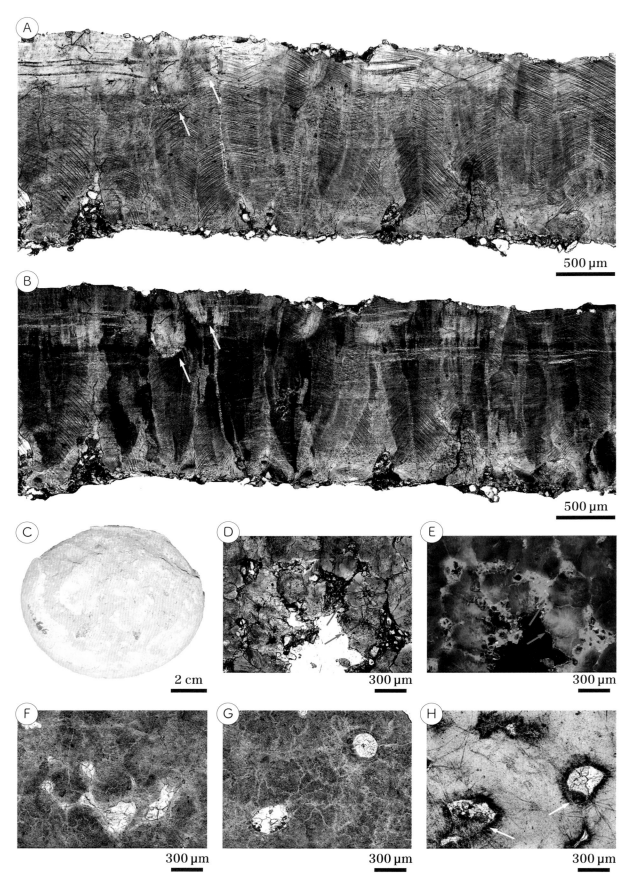

图3-12 艾氏始兴蛋（*Shixingoolithus erbeni*）（H01266）（白色箭头指示次生壳单元，红色箭头指示较完整锥体）

A. 普通光下蛋壳径切面；**B.** 正交偏光下蛋壳径切面；**C.** H01266标本宏观形态俯视；**D.** 普通光下蛋壳锥体层弦切面；**E.** 蛋壳锥体层弦切面荧光效果；**F.** 普通光下蛋壳内层下部弦切面；**G.** 普通光下蛋壳内层上部弦切面；**H.** 普通光下蛋壳中间层近外层部分弦切面

描述　恐龙蛋呈近球形，蛋体被压扁破损（图3-12C）。蛋壳保存厚度约1.80 mm，壳单元排列紧密，由锥体层与柱状层构成，两者间连续过渡，外层部分缺失（图3-12A），正交偏光下柱状消光（图3-12B）。锥体层厚度约0.15 mm，锥体间隙发育，锥体较为粗壮，单个锥体宽约0.15～0.20 mm（图3-12A、D），由晶核中心和其周围的楔体构成，荧光下晶核中心略明亮，楔体荧光效果差（图3-12E）。柱状层保存厚度约1.60 mm，可对应石笋蛋类分类中的内层、中间层和外层的划分，柱状层遭受一定程度重结晶，节理发育（图3-12A），内层厚度1.00 mm，发育生长纹，出现少量次生壳单元（图3-12A）；中间层0.60 mm，由透亮方解石晶体与断续暗色条带构成，出现少量次生壳单元（图3-12A）；外层缺失。气孔形状不规则，柱状层内层下部弦切面上气孔形状多样（图3-12F），上部气孔孔径和密度均减小（图3-12G），进入中间层后气孔孔径和密度开始增大，气孔中发育次生壳单元（图3-12H）。

蜂窝蛋科

蜂窝蛋科（Faveoloolithidae）由赵资奎和丁尚仁（1976）根据在内蒙古自治区阿拉善左旗巴音乌拉山查汗敖包发现的宁夏蜂窝蛋（*Faveoloolithus ningxiaensis*）建立，主要特征是蛋壳气孔道呈蜂窝状分布。该类蛋化石最早发现于蒙古国北戈壁Ologoy-Ulan-Tsav高地白垩系红色砂砾层中，Sochava（1969）将其命名为多气孔蛋壳类型（multicanaliculate type）。1979年，赵资奎根据在河南省内乡县夏馆盆地发现的一窝椭圆形蛋建立了杨氏蛋属（*Youngoolithus*）。此后，在我国河南省的淅川县、西峡县（张玉光、李奎，1998；周世全、韩世敬，1993）和五里川（周世全、冯祖杰，2002）等地，浙江省的金衢盆地、天台盆地（张玉光、李奎，1998）和永康盆地（俞云文等，2003），以及湖北省郧县的青龙山地区（关康年等，1997；周修高等，1998）均发现有蜂窝蛋类。然而，只有河南省西峡县发现的一些蛋被正式命名，如西坪杨氏蛋（*Youngoolithus xipingensis*）（方晓思等，1998；方晓思等，2007a），其他的蛋大多被鉴定为蜂窝蛋属的成员，有的仅被归为蜂窝蛋科，并未建立蛋种。

张蜀康（2010）在对蜂窝蛋类进行修订时，根据浙江省天台盆地发现的蛋化石建立了副蜂窝蛋属（*Parafaveoloolithus*），并将杨氏蛋属（*Youngoolithus*）从蜂窝蛋科中分离出来，建立杨氏蛋科（Youngoolithidae）。王强等（2011）研究了浙江省天台盆地发现的材料，建立半蜂窝蛋属（*Hemifaveoloolithus*），将其归入到蜂窝蛋科。郑婷婷等（2018）记述了陕西商洛地区上白垩统下部发现的商丹重壁蛋（*Duovallumoolithus shangdanensis*），将其归入到蜂窝蛋科。

此外，在蒙古国Khermiyn-Tsav，Ikh-Shunkht（Mikhailov et al.，1994）和韩国南部的宝城地区也发现了成窝保存的蜂窝蛋类（Huh et Zelenitsky，2002），它们的地质时代一般被认为是晚白垩世。在南美洲阿根廷La Rioja省Sanagesta也发现了几窝保存完好的蜂窝蛋类，地质时代为早白垩世（Grellet-Tinner et Fiorelli，2010；Grellet-Tinner et al.，2012）。目前，蜂窝蛋科化石主要分布于我国浙江省、河南省、江西省、陕西省和广东省等，地质时代为白垩纪或晚白垩世。

中国已知蜂窝蛋科的蛋属包括蜂窝蛋属（*Faveoloolithus*），副蜂窝蛋属（*Parafaveoloolithus*），半蜂窝蛋属（*Hemifaveoloolithus*）和重壁蛋属（*Duovallumoolithus*），共4个蛋属。

副蜂窝蛋属 *Parafaveoloolithus* Zhang, 2010

鉴别特征　蛋化石圆形或近圆形。蛋壳常由1层壳单元组成，少数部位由2～5个壳单元叠加组成，或有多个壳单元成群聚集。壳单元柱状，生长纹不发育，在近蛋壳内表面处互相分离。壳单元内棱柱体之间界线清晰。

副蜂窝蛋属是张蜀康（2010）根据浙江省天台盆地出产的蛋化石建立的。邹松林等（2013）研究萍乡副蜂窝蛋（*P. pingxiangensis*）时，对副蜂窝蛋属的属征进行了修订。在蒙古国北戈壁Ologoy-Ulan-Tsav高地发现的具"多孔蛋壳"的蛋化石，曾被Mikhailov等（1994）鉴定为宁夏蜂窝蛋，然而根据其蛋壳厚度及径切面显微结构等方面的特征来看，它们应归入副蜂窝蛋属。方晓思等（1998）描述的产自河南省西峡县的西坪杨氏蛋（*Youngoolithus xipingensis*）被修订为西坪副蜂窝蛋（*P. xipingensis*）（张蜀康，2010；赵资奎等，

2015）。

中国已知副蜂窝蛋的蛋种包括小孔副蜂窝蛋（*P. microporus*），大孔副蜂窝蛋（*P. macroporus*），田思村副蜂窝蛋（*P. tiansicunensis*），国清寺副蜂窝蛋（*P. guoqingsiensis*），萍乡副蜂窝蛋（*P. pingxiangensis*），西坪副蜂窝蛋（*P. xipingensis*），风光村副蜂窝蛋（*P. fengguangcunensis*），共7个蛋种。主要分布于晚白垩世的浙江省天台盆地、江西省萍乡盆地、河南省西峡盆地和广东省河源盆地。

风光村副蜂窝蛋（修订种）   *Parafaveoloolithus fengguangcunensis* (Fang, 2005) Zhao et al.，2015

正模   HYM 05HY-1（蛋壳径切面镜检薄片）。
副模   HYM 05HY-2（蛋壳径切面镜检薄片）。
归入标本   H05007，收藏于河源市博物馆。
产地与层位   河源市双下路口三友南城，上白垩统东源组。

归入标本长径150 mm，蛋有压扁，形态数据略有偏差（图3-13A）。蛋壳外表面较光滑，可见气孔开口。该标本的壳厚1.23 mm。蛋壳径切面可见壳单元细长，向蛋壳外表面方向逐渐增粗，在近外表面处有相互融合的趋势（图3-13B），气孔道贯穿蛋壳，有的向蛋壳外表面方向变窄，部分气孔道具分枝（图3-13B），蛋壳弦切面气孔圆形、近圆形，少量为不规则形（图3-13C，D），近蛋壳外表面气孔缩小，部分壳单元融合（图3-13D）。

赵资奎等（2015）根据蛋壳径切面显微结构照片（方晓思等，2005）及描述，认为河源标本的气孔道密集，具有典型的蜂窝蛋科的特征，不属于树枝蛋科。由于在蛋壳径切面上并未见到次生壳单元，应将其归于副蜂窝蛋属。副蜂窝蛋属中，气孔道在近蛋壳外表面处变窄的只有田思村副蜂窝蛋和国清寺副蜂窝蛋，而该蛋种的壳单元细长，与田思村副蜂窝蛋粗壮的壳单元和国清寺副蜂窝蛋具分枝的壳单元明显不同，所以将其修订为风光村副蜂窝蛋（*Parafaveoloolithus fengguangcunensis*）。

国清寺副蜂窝蛋   *Parafaveoloolithus guoqingsiensis* Wang et al.，2011

归入标本   H00166，收藏于河源市博物馆。
产地与层位   河源市源浦大道，上白垩统东源组。

蛋化石圆形，蛋体较大，可测得的直径为130 mm。蛋壳厚1.40～1.50 mm，由一层壳单元组成，壳单元在蛋壳中部常分为2～3枝，近蛋壳外表面壳单元有相互融合趋势（图3-14A）。由弦切面可见，近内表面处气孔孔径较大，呈蜂窝状排列（图3-14B），蛋壳中部气孔孔径缩小，密度加大（图3-14C、D），近蛋壳外表面处壳单元相互融合（图3-14E）。该标本从宏观形态和蛋壳显微结构，尤其是蛋壳近外表面处的壳单元特征，与发现于浙江天台的国清寺副蜂窝蛋较为相近，可作为该蛋种的归入标本。

半蜂窝蛋属 *Hemifaveoloolithus* Wang, Zhao, Wang et Jiang, 2011

木鱼山半蜂窝蛋   *Hemifaveoloolithus muyushanensis* Wang et al.，2011

归入标本   H04097-190，收藏于河源市博物馆。
产地与层位   河源市源城区技工学校，上白垩统东源组。

蛋壳外表面较为光滑。蛋壳厚度为1.53～1.63 mm，径切面上近内表面处的壳单元形态不规则，蛋壳中部壳单元分叉状，近外表面处的壳单元呈锥形，叠覆生长，气孔道大多被封闭（图3-15A）；蛋壳气孔道发育，弦切面上大多数气孔形态不规则，近蛋壳内表面气孔不规则，整体呈蜂窝状排列（图3-15B），蛋壳中部气孔大多数不规则、少量呈圆形，孔径明显缩小（图3-15C），近蛋壳外表面壳单元融合，气孔大多数封闭，仅有少量气孔可见（图3-15D）。该标本的蛋壳显微特征与发现于浙江天台的木鱼山半蜂窝蛋较为相近，可作为该蛋种的归入标本。

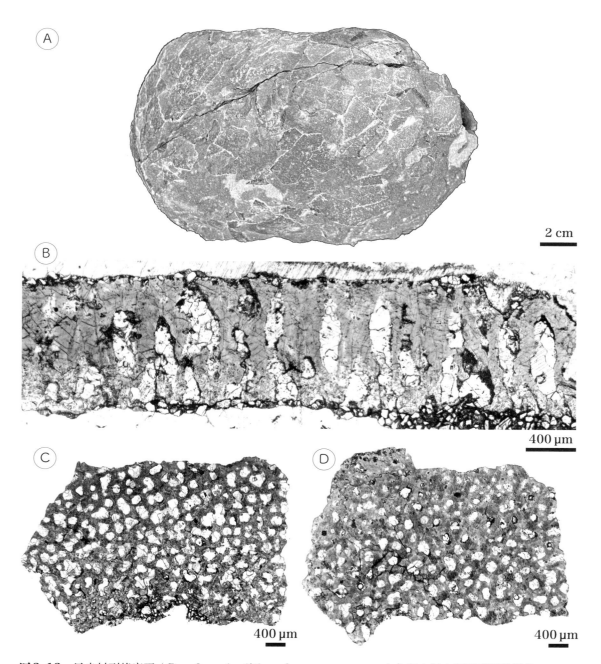

图 3-13 风光村副蜂窝蛋（*Parafaveoloolithus fengguangcunensis*）归入标本和蛋壳显微结构
A. 归入标本 H05007，蛋化石略有压扁，保存不完整；**B** 蛋壳径切面，可见壳单元细长，近蛋壳外表面有融合趋势；**C** 蛋壳中部弦切面，气孔呈蜂窝状排列，大多数气孔圆形、近圆形，少量不规则形；**D** 蛋壳近外表面弦切面，气孔圆形，部分壳单元融合与径切面所见壳单元融合趋势相一致

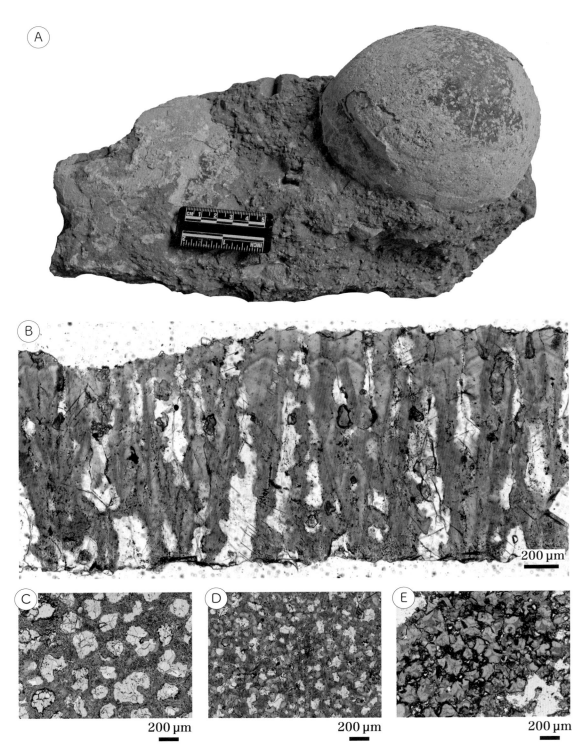

图3-14 国清寺副蜂窝蛋（*Parafaveoloolithus guoqingsiensis*）蛋壳显微结构
A. 归入标本H00166，一枚近完整圆形恐龙蛋，另有保存一半的恐龙蛋；**B.** 蛋壳径切面；**C.** 蛋壳近锥体层弦切面，示蜂窝状的气孔；**D.** 蛋壳中部弦切面，示不规则状气孔，孔径明显缩小；**E.** 蛋壳近外表面弦切面，壳单元相互融合，气孔不规则或封闭

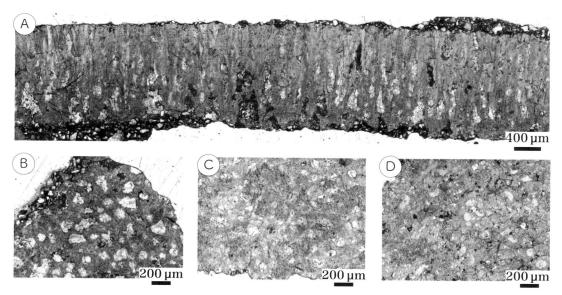

图3-15 木鱼山半蜂窝蛋（*Hemifaveoloolithus muyushanensis*）蛋壳显微结构
A. 蛋壳径切面；**B.** 蛋壳近锥体层弦切面，示蜂窝状的气孔；**C.** 蛋壳中部弦切面，示不规则蜂窝状气孔，孔径明显缩小；**D.** 蛋壳近外表面弦切面，壳单元相互融合，气孔不规则或封闭

项圈蛋属（新蛋属）*Hormoolithus* oogen. nov.

词源 Horm-为希腊词，意为项圈，表示蛋壳弦切面壳单元围成的气孔形似甜甜圈。

特征 见属型蛋种。

东江项圈蛋（新蛋属，新蛋种）　*Hormoolithus dongjiangensis* oogen. et oosp. nov.

词源 dongjiang为流经河源市区的东江。

正型标本 IVPP31377，破损蛋壳6片，其中1片用于制作蛋壳显微结构的径切面和弦切面，收藏于古脊椎所。

产地与层位 河源市江东新区胜利村，上白垩统东源组。

特征 蛋壳较厚，厚度为1.65～1.71 mm，蛋壳具有蜂窝状的气孔（弦切面），气孔形状多样，呈圆形、椭圆形、多边形等（弦切面），孔径范围0.20～0.64 mm，蛋壳中部围绕壳单元发育大量的次生壳单元（径切面），在气孔中形成一圈增生层（弦切面），造成气孔孔径缩小。

描述 蛋壳较厚，厚度为1.65～1.71 mm。蛋壳弦切面气孔呈蜂窝状，气孔呈圆形、椭圆形、多边形等（图3-16），孔径在0.20～0.64 mm。壳单元呈柱状（图3-17A），蛋壳近内表面壳单元相互间隔明显，大部分壳单元相互关联，但未形成圈闭的气孔（图3-16E～F，图3-17A～C），蛋壳中部以上的壳单元有空隙，其间局部发育有次生壳单元

（图3-16B，图3-17A，3-17D～E），蛋壳中部围绕壳单元发育大量有次生壳单元（径切面）（图3-17D～E），次生壳单元宽度一般在0.13～0.21 mm，这些次生壳单元在气孔中形成一圈增生层（弦切面）（图3-16B），造成气孔孔径的缩小，孔径在0.10～0.35 mm。近蛋壳外表面次生壳单元减少，仅在少数壳单元周边发育有次生壳单元（图3-16D），气孔增生层减少，孔径在0.22～0.61 mm。

对比与讨论 依据蛋壳气孔呈蜂窝状，可将河源发现的恐龙蛋壳归入到蜂窝蛋科，壳单元呈柱状，并且在蛋壳中部围绕壳单元发育有大量次生壳单元，在气孔中形成增生层，造成气孔孔径缩小等特征明显不同于其他蜂窝蛋类，可建立一新蛋属新蛋种：东江项圈蛋（*Hormoolithus dongjiangensis* oogen. et oosp. nov.）。

羊膜卵蛋壳结构的多样性是由于蛋壳形成机制不同造成的。王强等（2012）在建立石笋蛋类时，发现了蛋壳气孔中发育的次生壳单元和次生壳单元层，提出了恐龙蛋壳形成新机制。此次发现东江项圈蛋中次生壳单元造成气孔孔径缩小，可见次生壳单元形成样式和功能具多样性。

气孔是保障胚胎发育过程中气体和水分交换的功能，蜂窝蛋类、网形蛋类、树枝蛋类，都具有非常发育的气孔系统。但在演化过程中为了减缓水分的过度散失，网形蛋类、树枝蛋类在近蛋壳的外表面形成融合层，而蜂窝蛋类中仅有少部分类型具有融合层。东江项圈蛋为代表的这一类蜂窝蛋中，次生壳单元围绕壳单元发育，气孔孔径缩小也可被认为是防止水分散发的一种功能适应。这将为探讨蛋壳形成机制

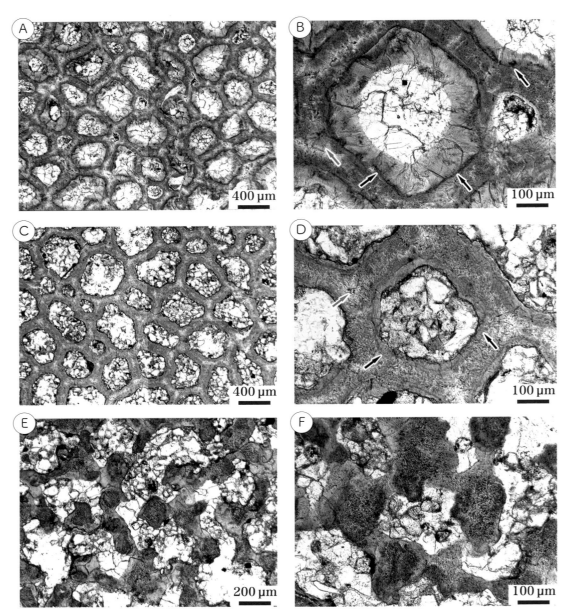

图3-16 东江项圈蛋新蛋属、新蛋种（*Hormoolithus dongjiangensis* oogen. et oosp.）蛋壳弦切面
A. 蛋壳中部弦切面示蜂窝状的气孔，气孔呈圆形、椭圆形、多边形等；**B.** 蛋壳中部气孔局部放大，可见壳单元空隙，及其间发育的次生壳单元（红色箭头所指）；壳单元周边发育的次生壳单元（黑色箭头所指），形成一圈增生层，造成气孔孔径缩小；**C.** 蛋壳近外表面处弦切面示蜂窝状的气孔，气孔呈圆形、椭圆形、多边形等；**D.** 蛋壳近外表面气孔局部放大，可见壳单元空隙（红色箭头所指）；壳单元周边发育少量的次生壳单元（黑色箭头所指），形成一圈增生层，造成气孔孔径缩小；**E.** 蛋壳近内表面弦切面，示相互关联的壳单元；**F.** 蛋壳近内表面弦切面局部放大，示相互关联的壳单元，并未形成圈闭的气孔

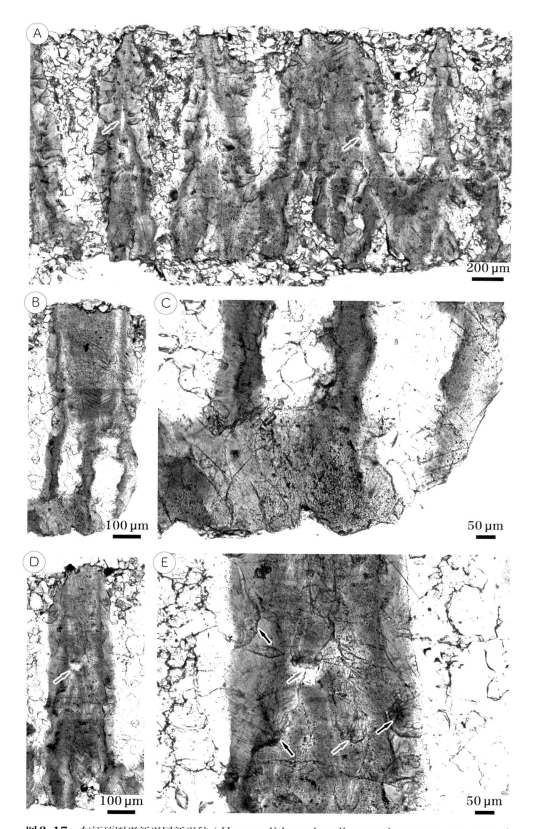

图3-17 东江项圈蛋新蛋属新蛋种（*Hormoolithus dongjiangensis* oogen. et oosp.）
蛋壳径切面

A. 蛋壳径切面示柱状壳单元的排列情况，蛋壳近内表面相互间隔明显，蛋壳中部壳单元发育空隙（红色箭头所指），蛋壳中部以上发育次生壳单元，近蛋壳外表面次生壳单元减少；
B～C. 蛋壳径切面示不同形态的壳单元，**C.** 局部放大示壳单元锥体，及相互间隔的壳单元；
D～E. 蛋壳径切面示蛋壳中部的空隙及次生壳单元的发育（红色箭头所指为壳单元空隙中发育的次生壳单元），**E.** 局部放大显示蛋壳中部壳单元空隙中发育的次生壳单元（红色箭头所指）和壳单元周边发育的次生壳单元（黑色箭头所指）

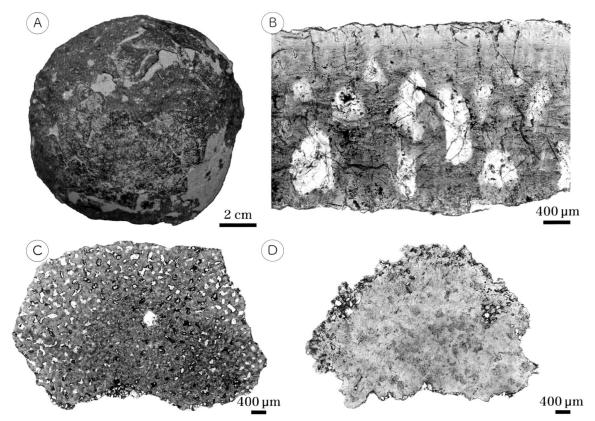

图3-18 双塘似蜂窝蛋（*Similifaveoloolithus shuangtangensis*）归入标本及蛋壳径切面
A. 归入标本（H05010）；**B.** 蛋壳径切面，可见不规则的壳单元相互连接，近蛋壳外表面相互融合；
C. 蛋壳中下部弦切面，可见不规则的气孔；**D.** 蛋壳近外表面，壳单元相互融合

及演化提供非常重要的信息。同时，气孔孔径缩小也将为探讨河源盆地晚白垩世时期的古气候变化提供一些参考。

似蜂窝蛋科

似蜂窝蛋科（Similifaveoloolithidae）是王强等（2011）对在浙江省天台盆地发现的双塘树枝蛋（*Dendroolithus shuangtangensis* Fang et al., 2003）的分类进行修订时建立的，目前已发现的只有似蜂窝蛋属（*Similifaveoloolithus*）1蛋属。该类恐龙蛋为形状近于圆形的蛋化石，蛋壳径切面显微结构与网形蛋类和树枝蛋类的比较相似，壳单元分枝且在蛋壳近外表面处形成融合层；蛋壳的弦切面结构则类似于蜂窝状，但大多数气孔的形态很不规则，与蜂窝蛋类的大不相同，故命名为似蜂窝蛋科。

似蜂窝蛋属 Similifaveoloolithus Wang et al., 2011

双塘似蜂窝蛋 *Similifaveoloolithus shuangtangensis* Wang et al., 2011

归入标本 H05010，收藏于河源市博物馆。

产地与层位 河源大学城洋潭村，上白垩统东源组。

蛋化石近圆形，长径为120 mm，赤道直径115 mm（图3-18A），形状指数平均92.8，蛋壳厚0.62～0.75 mm，壳单元不规则，中部相互链接，蛋壳中下部壳单元呈不规则状分枝（图3-18B），壳单元之间形成大而不规则的气孔道，气孔多数不规则或相互连通形成裂隙形（图3-18C），近蛋壳外表面处壳单元相互融合，气孔道大多数封闭（图3-18B，D），融合层厚度约占壳厚的 1/5。综合对比，该标本的宏观形态和蛋壳显微结构，与发现于浙江天台的双塘似蜂窝蛋较为相近，仅厚度较薄。

中国主要的恐龙蛋化石群

恐龙蛋是一类非常特殊的化石类型。一般情况下，恐龙蛋仅保存了钙质蛋壳，特殊情况下，还可以保存恐龙胚胎，或保留少量的蛋壳壳膜和蛋内容物等。恐龙蛋不仅保存了恐龙繁殖行为、生理特征等信息，而且也保存了恐龙生存时期的古环境和古生态等信息。它为研究恐龙生理、繁殖行为、含恐龙蛋红层的划分与对比，以及生存时期的地质环境背景等，提供了非常重要的实物材料，具有其他古生物化石所不具备的优势（王强等，2015）。

棱柱形蛋类和网形蛋类等，共计6蛋科9蛋属9蛋种；赤城山组二段以蜂窝蛋类和网形蛋类为主，计2蛋科3蛋属4蛋种（表3-1）。

天台盆地恐龙蛋的研究不仅丰富了恐龙蛋的多样性组成，同时对恐龙蛋分类系统进行了进一步的完善和修订，建立了大量恐龙蛋类型，对我国已发现的各大类群的分类特征和分类系统进行了进一步的明确和优化（王强等，2015）。

天台恐龙蛋化石群

天台盆地是我国较早发现恐龙蛋化石的产地之一，最早发现于1958年。但直到20世纪90年代初期，由于在大规模基础设施的建设过程中，大量恐龙蛋及少量恐龙骨骼被发现，才揭开了天台盆地恐龙蛋等化石科学研究的序幕（王强等，2015）。

天台盆地位于浙江省东部，地层区划属于华南地层大区的浙东南区。盆地是由断层控制的断陷盆地，盆地面积较小，约为230 km²，主要充填白垩系天台群的火山岩系与河湖相沉积。王强等（2015）综合各方意见，并结合多条详测剖面，将天台盆地晚白垩世含恐龙蛋红层划分为上白垩统赖家组和赤城山组。

天台恐龙蛋化石群包括7蛋科11蛋属15蛋种，以蜂窝蛋类和网形蛋类为优势类群，其中赖家组以较为原始的蜂窝蛋类为主，还发现一类特殊的马赛克蛋类，共计1蛋科2蛋属3蛋种；赤城山组一段恐龙蛋最为富集，类型多样，以石笋蛋类最为丰富，此外还有巨型长形蛋类、长形蛋类、

西峡恐龙蛋化石群

河南省白垩系广布于全省，主要见于豫西、豫西南和大别山北麓各盆地中，西峡盆地、淅川盆地、义马盆地、汝阳盆地、潭头盆地、夏馆盆地、李官桥盆地等发育着从早白垩世到晚白垩世较完整的沉积序列，且各门类古生物齐全，尤其是恐龙、恐龙蛋的大量发现，为白垩纪红层的划分与对比提供了丰富的古生物学证据。

河南白垩纪恐龙骨骼及恐龙蛋主要产于西峡盆地、淅川盆地、夏馆盆地、汝阳盆地、高丘盆地等。这些盆地均为山间断陷或坳陷盆地，呈北西西—南东东向展布。经过近半个世纪的研究，综合恐龙、恐龙蛋、无脊椎动物化石、孢粉、同位素年龄等资料，河南白垩纪红盆地已经建立了组一级的地层系统。

周世全等（1983）根据西峡盆地发现恐龙蛋的情况，引用邻区淅川盆地的地层系统，将西峡盆地含恐龙蛋红层自下而上划分为高沟组、马家村组和寺沟组。程政武等（1995）则认为西峡盆地与淅川盆地无论沉积环境还是岩性特征，都存在明显的差异，因而将西峡盆地

表3-1 天台恐龙蛋化石群（据王强等，2015）

岩石地层			恐龙蛋类型
上白垩统	赤城山组	二段	Faveoloolithidae *Parafaveoloolithus guoqingsiensis* *Parafaveoloolithus tiansicunensis* *Semifaveoloolithus muyushanensis* Dictyoolithidae *Paradictyoolithus xiaxishanensis*
		一段	Macroelongatoolithidae *Macroelongatoolithus xixiaensis* *Megafusoolithus qiaoxiaensis* Elongatoolithidae *Paraelongatoolithus reticulatus* Primatoolithidae *Primatoolithus tiantaiensis* Similifaveoloolithidae *Similifaveoloolithus shuangtangensis* Dictyoolithidae *Paradictyoolithus xiaxishanensis* Stalicoolithidae *Stalicoolithus shifengensis* *Coralloidoolthus shizuiwanensis* Oofam. indet. *Mosaicoolithus zhangtoucaoensis*
	赖家组		Faveoloolithidae *Parafaveoloolithus macroporus* *Parafaveoloolithus microporus* Oofam. indet. *Mosaicoolithus zhangtoucaoensis*

红层沿用河南省地质矿产局石油地质队1959年的划分方案，自下而上划分为走马岗组、赵营组和六爷庙组，并且根据在这些地层中都发现恐龙蛋，将这三个组都归为晚白垩世。

赵资奎（1979b）根据恐龙蛋组合的特点，认为西峡盆地以蜂窝蛋类（目前对比分析，多为树枝蛋类）为主要特征的含恐龙蛋红层时代可能是晚白垩世早期。除了恐龙蛋之外，其他门类古生物化石和同位素年龄等对比依据，也在地层对比中起到一定的作用。周世全等（1997）综合恐龙蛋、恐龙、轮藻、介形类、孢粉及同位素年龄等资料，认为西峡、淅川、夏馆、五里川等盆地的高沟组、马家村组和寺沟组都属于晚白垩世沉积，其中，根据轮藻化石认为高沟组和马家村组大致与赛诺曼期（Cenomanian）和坎潘期（Campanian）相当。此后不久，周世全等（2001）通过对河南10多个盆地中恐龙蛋组合特点进行分析时，认为河南的恐龙蛋可以分为三个组合类型，即下部长圆柱形蛋（实际应为巨型长形蛋）、蜂窝蛋类、树枝蛋类和网形蛋类，中部为椭圆形蛋类、副圆形蛋类和树枝蛋类，上部为长形蛋类和巨形蛋类，分别代表晚白垩世早、中、晚期。王德有等（2006）根据西峡盆地含恐龙蛋化石红层中发现的双壳类、叶肢介、腹足类和介形类，认为其时代为晚白垩世中期，其中高沟组和马家村组相当于土仑期

（Turonian）—三冬期（Santonian）。在此，我们同意汪筱林等（2012）的观点，西峡盆地含恐龙蛋红层划分采用程政武等（1995）观点，自下而上划分为走马岗组、赵营组和六爷庙组，盆地内恐龙蛋主要富集在中下部的走马岗组和赵营组中，恐龙蛋类型多样，在发现的标本数量上以树枝蛋类为主，其他类型恐龙蛋的数量相对较少，而最上部的六爷庙组仅发现红坡网形蛋。

河南恐龙蛋发现与研究相对较早，最早于1974年发现于淅川盆地，为白垩系红层的确定提供了充分的古生物证据，也拉开了河南恐龙蛋、恐龙发现和研究的序幕。此后，河南地质工作者陆续在西峡盆地、李官桥盆地、夏馆盆地、五里川盆地、平昌关盆地、罗山盆地、灵宝盆地、杨集盆地、召北盆地、汝阳盆地、潭头盆地、卢氏盆地等地发现了大量恐龙蛋（周世全等，2010）。

对于河南恐龙蛋的科学研究，最早始于赵资奎将1975年采于内乡的恐龙蛋正式研究命名为夏馆杨氏蛋（*Youngoolithus xiaguanensis*）（赵资奎，1979b），将发现于西峡的恐龙蛋鉴定为蜂窝蛋类（faveoolithids）、二连副圆形蛋（*Paraspheroolithus irenensis*）、副圆形未定种（*P. sp.*）、淘河扁圆蛋（*Placoolithus taoheensis*）（赵资奎，1979a），将发现于李官桥盆地的恐龙蛋鉴定为安氏长形蛋（*Elongatoolithus andrewsi*）、长形长形蛋（*E. elongatus*）和瑶屯巨形蛋（*Macroolithus yaotunensis*）（周世全等，1979；赵资奎，1979a）。

20世纪90年代初期，西峡大量恐龙蛋的发现又将河南恐龙蛋的研究推向了一个热潮。这一时期国内众多的科研院所、高等院校、地质和文物部门等，对河南南阳地区发现的恐龙蛋开展了系统性的研究。王德有和周世全（1995）建立了巨型长形蛋科（Macroeloogatoolithidae），西峡巨型长形蛋（*Macroelongatoolitus xixiaensis*）（李西兴等，1995；王德有和周世全，1995；王强等，2010）。方晓思等（1998）对河南西峡盆地发现的恐龙蛋进行研究，共计鉴定出4蛋科4蛋属8蛋种：石嘴湾副圆形蛋（*Paraspheroolithus shizuiwanensis*）、阳城副圆形蛋（*P. yangchengensis*）、桑坪椭圆形蛋（*Ovaloolithus sangpingensis*）、分叉树枝蛋（*Dendroolithus furcatus*）、树枝树枝蛋（*D. dendriticus*）、三里庙树枝蛋（*D. sanlimiaoensis*）、赵营树枝蛋（*D. zhaoyingensis*）、西坪杨氏蛋（*Youngoolithus xipingensis*）等。Zhao（1994）在总结中国恐龙蛋多样性时，将河南西峡盆地恐龙

蛋鉴定为：红坡网形蛋（*Dictyoolithus hongpoensis*）和内乡网形蛋（*D. neixiangensis*），长形蛋类未定种（*Elongatoolithus* oosp.），副圆形蛋类未定种（*Paraspheroolithus* oosp.），圆形蛋类未定种（*Spheroolithus* oosp.），以及其他可能属于树枝蛋类和蜂窝蛋类的类型，但是仅对红坡网形蛋和内乡网形蛋进行了描述，其他都未做详细记述。

方晓思等（2007b）对西峡盆地发现的恐龙蛋进行研究总结，分为6蛋科8蛋属16蛋种，其中包括新建的茧场长形蛋（*Elongatoolithus jianchangensis*）、杨家沟长形蛋（*E. yangjiagouensis*）、赤眉长形蛋（*E. chimeiensis*）等。王德有（2011）统计河南发现的恐龙蛋共计8蛋科13蛋属24蛋种，6个比较蛋种，10个未定蛋种。Tanaka等（2011）报道了栾川盆地秋扒组中发现的恐龙蛋，根据蛋壳显微结构特征将其归为长形蛋类，未做进一步的分类。

近年来，随着在我国各地发现越来越多新的恐龙蛋类型，原有的恐龙蛋分类体系得到了很大的改进和完善，此前认为的恐龙蛋类型多数被修订为了新的类型，尤其是对河南西峡盆地发现的恐龙蛋最为明显。其中，西坪杨氏蛋被修订为西坪副蜂窝蛋（*Parafaveoolithus xipingensis*）（张蜀康，2010；赵资奎等，2015），石嘴湾副圆形蛋被修订为石嘴湾珊瑚蛋（*Coralloidoolithus shizuiwanensis*）（王强等，2012；赵资奎等，2015），内乡网形蛋被修订为内乡原网形蛋（*Porodictyoolithus neixiangensis*）（王强等，2013；赵资奎等，2015），杨家沟长形蛋被认为是长形长形蛋的同物异名，茧场长形蛋为主田南雄蛋的同物异名，赤眉长形蛋为戈壁棱柱形蛋的同物异名，赵营树枝蛋为树枝树枝蛋的同物异名，桑坪椭圆形蛋为艾氏始兴蛋（*Shixingoolithus erbeni*）的同物异名（赵资奎等，2015）。

截至目前，西峡恐龙蛋化石群计有8蛋科11蛋属13蛋种（Zhao，1994；方晓思等，1998，2007b；王德有、周世全，1995；王德有等，2008；张蜀康，2009，2010；赵资奎等，2015）（表3-2）。

淅川恐龙蛋组合

周世全等（1974）在淅川盆地发现恐龙蛋，建立了上

表3-2 西峡恐龙蛋化石群（据王强等，2015修改）

岩石地层		恐龙蛋类型
上白垩统	六爷庙组	Dictyoolithidae *Dictyoolithus hongpoensis*
	赵营组	Macroelongatoolithidae *Macroelongatoolithus xixiaensis* Elongatoolithidae *Nanhsiungoolithus chuetienensis* Primatoolithidae *Primatoolithus gebiensis* Stalicoolithidae *Coralloidoolthus shizuiwanensis* *Shixingoolithus erbeni* Spheroolithidae *Paraspheroolithus yangchengensis* Dendroolithidae *Dendroolithus furcatus* ? *D. sanlimiaoensis* ? *D. dendriticus* ?
	走马岗组	Macroelongatoolithidae *Macroelongatoolithus xixiaensis* Elongatoolithidae *Elongatoolithus elongatus* Faveoloolithidae *Parafaveoloolithus xipingensis* Dictyoolithidae *Protodictyoolithus neixiangensis* Dendroolithidae *Dendroolithus dendriticus* ?

白垩统高沟组、马家村组和寺沟组，为豫西、豫西南红盆地中白垩纪地层划分与对比奠定了基础。

赵宏和赵资奎（1998）对在淅川盆地发现的恐龙蛋进行研究，鉴定出4蛋科6蛋属6蛋种：滔河扁圆蛋（*Placoolithus taohensis*）、淅川树枝蛋（*Dendroolithus xichuanensis*）、二连副圆形蛋（*Paraspheroolithus irenensis*）、长形蛋未定种（*Elongatoolithus* sp.）、主田南雄蛋（*Nanhsiungoolithus chuetienensis*）和金刚口椭圆形蛋（*Ovaloolithus chinkangkouensis*）等。贾松海等（2020）年报道了淅川盆地发现的树枝蛋类新类型：大石桥树枝蛋（*Dendroolithus dashiqiaoensis*）（表3-3）。

莱阳恐龙蛋化石群

山东莱阳是我国最重要的恐龙与恐龙蛋化石产地之一，也是我国地质古生物学家在我国境内最早发现恐龙（谭锡畴，1923）、恐龙蛋（Chow，1951）和翼龙（杨钟健，1958）等化石的地区，在我国乃至世界恐龙研究史上具有举足轻重的地位。

莱阳地区白垩纪地层发育，出露连续，化石富集，不但发育相当于辽西热河群的下白垩统莱阳群的湖相沉积和青山群的火山—河湖相地层，而且发育上白垩统王氏群的

表3-3　淅川恐龙蛋组合（据王强等，2015修改）

岩石地层		恐龙蛋类型
上白垩统	寺沟组	Elongatoolithidae 　*Elongatoolithus* oosp. Ovaloolithidae 　*Ovaloolithus chinkangkouensis*
	马家村组	Elongatoolithidae 　*Nanhsiungoolithus chuetienensis* 　*Elongatoolithus* oosp. Primatoolithidae 　*Primatoolithus gebiensis* Spheroolithidae 　*Paraspheroolithus irenensis* Dendroolithidae 　*Placoolithus taoheensis*
	高沟组	Dendroolithidae 　*Dendroolithus xichuanensis* 　*D. dashiqiaoensis*

河湖相红层。其中，王氏群中赋存著名的晚白垩世鸭嘴龙动物群和莱阳恐龙蛋化石群（汪筱林等，2010）。

莱阳恐龙蛋化石群是我国晚白垩世非常重要的恐龙蛋化石群之一。1950年山东大学师生在莱阳首次发现恐龙蛋化石（Chow，1951）。1951年，杨钟健和刘东生等对莱阳含化石地层进行野外考察和发掘，发现了大量恐龙和恐龙蛋化石（刘东生，1951）。基于对莱阳地区富集的恐龙蛋形态分类和蛋壳显微结构研究（杨钟健，1954；周明镇，1954），赵资奎（1975，1979）进一步分析和对比更多的恐龙蛋类型，建立了目前国际公认的恐龙蛋化石分类命名系统。近年来，随着研究的深入，莱阳恐龙蛋化石群的恐龙蛋类型有新增也有修订，王强等（2018）报道了在莱阳上白垩统将军顶组发现的棱柱形蛋类：梨乡莱阳蛋（*Laiyangoolithus lixiangensis*）；朱旭峰等（2021）报道了莱阳上白垩统金刚口组中发现的坪岭叠层蛋（*Stromatoolithus pinglingensis*）；赵资奎等（2015）将将军顶圆形蛋（*Spheroolithus chiangchiungtingensis*）分拆为圆形圆形蛋（*Spheroolithus spheroides*）和将军顶圆形蛋两个蛋种；张蜀康（2022）将莱阳上白垩统将军顶组发现的厚皮圆形蛋（*Spheroolithus megadermus*）

修订为东阳蛋科（Dongyangoolithidae）的厚皮多裂隙蛋（*Multifissoolithus megadermus*）。此外，在我们对部分蛋壳样品进行鉴定时，还发现金刚口组有主田南雄蛋（*Nanhsiungoolithus chuetienensis*）。这些发现和修订，进一步丰富了莱阳恐龙蛋化石群的多样性，截至目前莱阳恐龙蛋化石群共计6蛋科8蛋属13蛋种（表3-4）。

南雄恐龙蛋化石群

南雄盆地是我国最为重要的晚白垩世陆相红盆地之一。盆地内沉积了较为完整的白垩系—古近系陆相红层，发现了大量晚白垩世恐龙、恐龙蛋和古近纪哺乳动物，以及伴生的龟鳖类、鳄类等脊椎动物和介形类、腹足类、叶肢介、轮藻、孢粉等门类众多的古生物化石，使得南雄盆地成为研究白垩纪末期非鸟恐龙绝灭与古新世哺乳动物复苏最为理想的盆地（赵资奎等，2017）。

南雄盆地恐龙蛋的研究在我国恐龙蛋研究领域占有非常重要地位。最早发现于20世纪60年代（张玉

表 3-4 莱阳恐龙蛋化石群（据王强等，2015 修改）

岩石地层		恐龙蛋类型
上白垩统	金刚口组	Elongatoolithidae 　　*Elongatoolithus elongatus* 　　*Elongatoolithus andrewsi* 　　*Nanhsiungoolithus chuetienensis* Ovaloolithidae 　　*Ovaloolithus chinkangkouensis* 　　*Ovaloolithus laminadermus* 　　*Ovaloolithus mixtistriatus* 　　*Ovaloolithus monostriatus* 　　*Ovaloolithus tristriatus* Spheroolithidae 　　*Paraspheroolithus irenensis* Oofam. indet. 　　*Stromatoolithus pinglingensis*
	将军顶组	Elongatoolithidae 　　*Elongatoolithus* oosp. Prismatoolithidae 　　*Laiyangoolithus lixiangensis* Spheroolithidae 　　*Spheroolithus spheroides* 　　*Spheroolithus chiangchiungtingensis* 　　*Paraspheroolithus irenensis* Dictyoolithidae 　　*Prodictyoolithus jiangi* Dongyangoolithidae 　　*Multifissoolithus megadermus*

萍和童永生，1963），杨钟健（1965）根据宏观形态和蛋壳外表面纹饰等特征，将南雄盆地恐龙蛋分为粗皮蛋（*Oolithes rugustus*）、长形蛋（*Oolithes elongatus*）、圆形蛋（*Oolithes spheroides*）、南雄蛋（*Oolithes nanhsiungensis*）。赵资奎（1975）在杨钟健分类研究的基础上，提出恐龙蛋分类与命名系统，将南雄发现的部分恐龙蛋分为粗皮巨形蛋（*Macroolithus rugustus*）、瑶屯巨形蛋（*M. yaotunensis*）、安氏长形蛋（*Elongatoolithus andrewsi*）、长形长形蛋（*E. elongatus*）、主田南雄蛋（*Nanhsiungoolithus chuetienensis*）。

赵资奎（1979）总结了中国恐龙蛋的发现和研究，认

为在南雄盆地除此前记述的恐龙蛋类型之外，还发现有金刚口椭圆形蛋（*Ovaloolithus chinkangkouensis*）和薄片椭圆形蛋（*O. laminadermus*）。赵资奎等（1991）记述了南雄盆地发现的艾氏始兴蛋（*Shixingoolithus erbeni*）和坪岭叠层蛋（*Stromatoolithus pinglingensis*）。赵资奎（2000）记述了在南雄发现的棱柱形蛋类湖口棱柱形蛋（*Prismatoolithus hukouensis*）（Zhao，2000）。方晓思等（2009a）记述了在南雄盆地发现的恐龙蛋，并建立1蛋科，羽片蛋科（Pinnatoolithidae）；2个蛋属，羽片蛋属（*Pinnatoolithus*）和披针蛋属（*Lanceoloolithus*）；5个蛋种，石塘羽片蛋（*Pinnatoolithus shitangensis*）、南雄羽片蛋（*Pinnatoolithus nanxiongensis*）、下坪

表3-5　南雄恐龙蛋化石群（据王强等，2015修改）

岩石地层		恐龙蛋类型
上白垩统	坪岭组	Elongatoolithidae 　　*Macroolithus rugustus* 　　*Macroolithus yaotunensis* 　　*Elongatoolithus elongatus* 　　*Elongatoolithus andrewsi* 　　*Nanhsiungoolithus chuetienensis* Prismatoolithidae 　　*Prismatoolithus hukouensis* Stalicoolithidae 　　*Shixingoolithus erbeni* Ovaloolithidae 　　*Ovaloolithus chinkangkouensis* 　　*Ovaloolithus laminadermus* 　　*Ovaloolithus shitangensis* 　　*Ovaloolithus nanxiongensis* Oofam. indet. 　　*Stromatoolithus pinglingensis*
	园圃组	Elongatoolithidae 　　*Macroolithus rugustus* 　　*Macroolithus yaotunensis* 　　*Elongatoolithus elongatus* 　　*Elongatoolithus andrewsi* 　　*Nanhsiungoolithus chuetienensis* Ovaloolithidae 　　*Ovaloolithus chinkangkouensis* 　　*Ovaloolithus laminadermus*

披针蛋（*Lanceoloolithus xiapingensis*）、黄塘披针蛋（*Lanceoloolithus huangtangensis*）和腊树园巨形蛋（*Macroolithus lashuyuanensis*）等。

随着恐龙蛋分类系统的进一步完善，南雄盆地多数恐龙蛋属种的分类位置被修订。王强等（2012）将艾氏始兴蛋归入石笋蛋科（Stalicaoolithidae）。赵资奎等（2015）认为方晓思等（2009a）建立的羽片蛋属为椭圆形蛋属的晚出同物异名，将石塘羽片蛋和南雄羽片蛋修订为石塘椭圆形蛋（*Ovaloolithus shitangensis*）和南雄椭圆形蛋（*O. nanxiongensis*），黄塘披针蛋为安氏长形蛋的晚出同物异名，下坪披针蛋为艾氏始兴蛋的晚出同物异名，腊树园巨形蛋为粗皮巨形蛋的晚出同物异名，因而羽片蛋科、羽片蛋属和披针蛋属均为无效名称。

朱旭峰等（2022）研究认为坪岭叠层蛋并不属于大圆蛋科，也同现有的恐龙蛋科各属种之间有比较大的差别，由于其是依据破碎蛋壳建立的蛋属和蛋种，蛋的宏观形态未知，暂时还不能建立新的蛋科，因而置于未定蛋科。

至此，南雄盆地恐龙蛋化石群组成面貌基本清楚，南雄恐龙蛋化石群已记述4蛋科7蛋属12蛋种（表3-5）。南雄恐龙蛋以长形蛋类最为丰富，除长形蛋类外，在下部的园圃组仅发现少量的椭圆形蛋类和石笋蛋类，上部的坪岭组发现棱柱形蛋类、椭圆形蛋类。

南雄盆地陆相红层的研究始于20世纪20年代（张玉萍，童永生，1963）。自20世纪60年代在南雄盆地发现恐龙蛋、恐龙、龟鳖类、鳄类、哺乳动物化石等以来，晚白垩世地层得以确认，南雄盆地成为研究我国中、新生代陆相地层界线的重要地区之一（郑家坚等，1973；何俊德、黄仁金，1979；赵资奎等，1991）。随后众多科研单位在南雄盆地开展相关研究，测制了多条晚白垩世红层剖面，并提出地层划分与对比方案。张玉萍和童永生（1963）将南雄盆地红层划分为上白垩统南雄群和古新统罗佛寨组。此后，根据岩石特性和古生物组合，南雄盆地红层被划分为上白垩统南雄组、中古新世上湖组、晚古新世浓山组等（童永生等，1976；郑家坚等，1973，1979）或古新世上湖组、早始新世罗佛寨组（何俊德、黄仁金，1979）。1976年在南雄召开"华南白垩—早第三纪红层现场会议"后，南雄盆地红层的划分得到了更加广泛的研究。

赵资奎等（1991）将晚白垩世红层划分为南雄群园圃组和坪岭组，依据古地磁数据和地层岩性特征，将晚白垩世坪岭组与古新世上湖组的界线置于大塘剖面CGD161处。根据地层岩性和介形类动物群的组成，南雄盆地晚白垩世红层被划分为大凤组、主田组、浈水组和上湖组坪岭段（张显球，1984，1992；张显球等，2006，2007；凌秋贤等，2005）。李佩贤等（2007）将南雄群划分为园圃组、主田组和浈水组，将赵资奎等建立的原园圃组上部定义为主田组，给予园圃组新的定义，取消坪岭组，改用浈水组，将白垩系与古近系的界线置于浈水组和上湖组之间。张显球等（2013）依据沉积旋回将南雄盆地晚白垩世红层划分为长坝组、江头组、园圃组、大凤组、主田组、浈水组和上湖组坪岭段，重新厘定大凤组、园圃组的含义，将白垩系与古近系的界线置于上湖组坪岭段和下惠段之间。童永生等（2002，2013）综合南雄盆地生物地层学、磁性地层学和化学地层学方面的研究成果，认为大塘剖面的脊椎动物界线，即黄灰色厚层黏土砾岩底部很接近K/T界线，将其作为上湖阶的底界。王元青等（2019）依据全国地层委员会第三系专业组1999年以哺乳动物演替为依据、结合其他生物和非生物因素，建立中国的陆相古近系和新近系"阶"的序列的意见，将上湖阶作为古新统的第一个阶。

此外，关于南雄盆地白垩系和古近系的界线也有着不同的观点。刘云和王宗哲（1986）根据岩性、地球化学特征及沉积环境等的分析，认为南雄盆地白垩系—古近系之间可能存在沉积间断。陈丕基（1986）通过对南雄盆地叶肢介的研究，也认为南雄盆地白垩纪与第三纪之间有一个相当长的沉积间断。

河源恐龙蛋化石群与我国主要恐龙蛋化石群的对比

中国的恐龙蛋化石具有埋藏丰富、种类多、保存好、分布广、时代跨度大等特点，迄今为止，已报道有15个省（区）发现恐龙蛋。恐龙蛋可以作为中国白垩纪陆相地层划分与对比的重要化石之一。汪筱林等（2012）综合岩石地层学、生物地层学和年代地层学数据，初步建立了我国晚白垩世恐龙蛋化石群的组合序列及其对应的地层层序和时代框架。近年来，随着新恐龙蛋类型的发现，以及不同恐龙蛋之间分类位置的修订，可以进一步优化各大化石群之间的关系。

河源盆地发现的恐龙蛋包括5蛋科11蛋属12蛋种，其中1新蛋属和1新蛋种（表3-6）。从目前发现的河源恐龙蛋数量和类型来看，河源盆地恐龙蛋数量上以蜂窝蛋类和石笋蛋类为主，主要集中于东源组中下部层位，分布较广泛，此外还发现有少量的棱柱形蛋类和似蜂窝蛋类，长形蛋类在东源组中发现数量较少，但在地层中延续时间较长，东源组中下部层位和中部层位都有发现。

综合与其他几个主要恐龙蛋化石群或组合对比，可以发现河源恐龙蛋化石群与浙江天台恐龙蛋化石群在类型组合上较为相近，其中多数恐龙蛋属种在两个盆地都有发现，尤其是蜂窝蛋类和石笋蛋类，且天台盆地唯一的长形蛋种，网纹副长形蛋在河源盆地也有发现。由此可见，河源盆地东源组中下部的恐龙蛋组合可以同天台盆地赤城山组进行对比，并且二者都以蜂窝蛋类和石笋蛋类数量多、类型多样为特点，但二者也有区别，河源盆地中的长形蛋类数量少，但是属种多，而在天台盆地发现的网形蛋类，在河源盆地中尚未发现（表3-7）。

通过河源恐龙蛋化石群与西峡恐龙蛋化石群和淅川恐龙蛋组合对比可以发现，它们仅有少量的类型相近。巨型长形蛋仅发现于天台盆地和西峡盆地，结合棱柱形蛋类、石笋蛋类、蜂窝蛋类等，天台盆地赤城山组和西峡盆地走马岗组可以相对比，另外西峡盆地发现大量的树枝蛋类，在天台盆地尚未发现，二者也有一定的差异。西峡盆地发现树枝蛋类的赵营组可以同淅川盆地发现树枝蛋类的高沟组和马家村组进行对比，二者都以大量的树枝蛋类为代表。此外，淅川盆地马家村组上部和寺沟组中发现有长形蛋类、棱柱形蛋类和椭圆形蛋类，这可以同莱阳恐龙蛋化石群的金岗口组和南雄盆地的坪岭组恐龙蛋组合进行对比，可见淅川恐龙蛋组合介于西峡恐龙蛋化石群与莱阳恐龙蛋化石群之间。

汪筱林等（2012）年初步建立我国晚白垩世恐龙蛋化石群的组合序列，天台、西峡、莱阳、南雄4个恐龙蛋化石群中：天台恐龙蛋化石群赋存层位为天台群中上部的赖家组和赤城山组，时代为晚白垩世早期（塞诺曼期—土伦期）；西峡恐龙蛋化石群赋存层位为走马岗组、赵营组和六爷庙组，时代为晚白垩世早中期（土伦期—桑顿期）；莱阳恐龙蛋化石群赋存层位为王氏群中上部的将军顶组和金刚口组，时代为晚白垩世中晚期（科尼亚克期—坎潘期），而南雄恐龙蛋化石群赋存层位为南雄群园圃组和坪岭组，时代为晚白垩世晚期（坎潘期—马斯特里赫特期）。由此可见，河源盆地东源组下部时代应该为晚白垩世早—中期，相当于土伦期—桑顿期，此外，由于东源组上部层位主要发现少量的长形蛋类和兽脚类恐龙中的窃蛋龙和霸王龙，其地质时代可能为晚白垩世中—晚期，相当于坎潘期。

由此，通过对我国晚白垩世恐龙蛋化石群组合序列进一步的优化（图3-19），可见在晚白垩世早期，以天台恐龙蛋化石群为代表，主要是大量的蜂窝蛋类出现，并逐步出现少量的蛋壳外表面逐步融合的蜂窝蛋类，以及少量的网形蛋类。

表3-6 河源恐龙蛋化石群

岩石地层		恐龙蛋类型

上白垩统	东源组	Elongatoolithidae
		  Macroolithus yaotunensis
		  Elongatoolithus elongatus
		  Paraelongatoolithus reticulatus
		Prismatoolithidae
		  Prismatoolithus heyuanensis ?
		Stalicoolithidae
		  Stalicoolithus shifengensis
		  S. oosp.
		  Coralloidoolithus shizuiwanensis
		  Shixingoolithus erbeni
		Faveoloolthidae
		  Hemifaveoloolithus muyushanensis
		  Parafaveoloolithus fengguangcunensis
		  P. guoqingsiensis
		  Hormoolithus dongjiangensis oogen. et oosp. nov.
		Similifaveoloolthidae
		  Similifaveoloolithus shuangtangensis

	仙塘组	

表3-7 主要恐龙蛋化石群恐龙蛋组合对比

主要蛋科	天台恐龙蛋化石群	河源恐龙蛋化石群	西峡恐龙蛋化石群	淅川恐龙蛋组合	莱阳恐龙蛋化石群	南雄恐龙蛋化石群
巨型长形蛋科	●		●			
长形蛋科	●	●	●	●	●	●
棱柱形蛋科	●	●	●	●	●	●
石笋蛋科	●	●	●			●
圆形蛋科				●	●	
椭圆形蛋科				●	●	●
蜂窝蛋科	●	●	●			
似蜂窝蛋科	●	●				
树枝蛋科			●	●		
网形蛋科	●		●		●	
东阳蛋科					●	

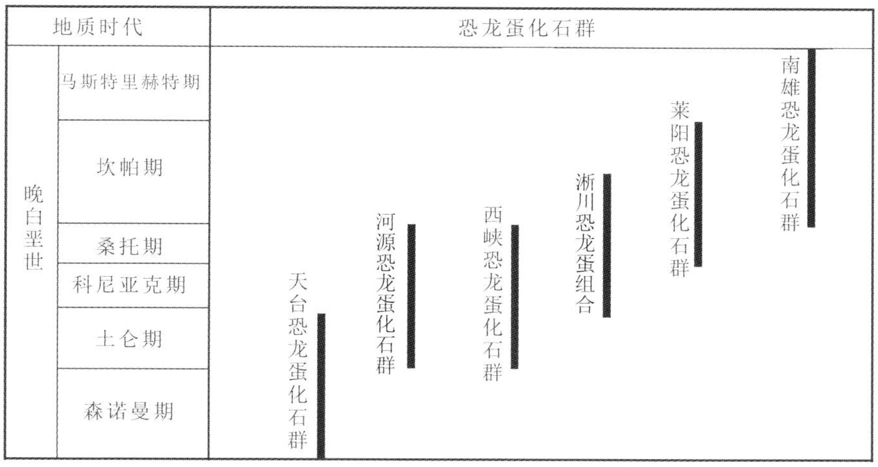

图3-19 中国主要恐龙蛋化石群序列（据王强等，2015修改）

晚白垩世早—中期，我国有两个具有代表性的恐龙蛋组合，分别为河源恐龙蛋化石群和西峡—淅川恐龙蛋化石群。河源恐龙蛋化石群早期阶段主要以蜂窝类和石笋蛋类为主，含有少量棱柱形蛋类、长形蛋类，相较于天台恐龙蛋化石群的早期类型，具有多气孔的恐龙蛋类型进一步减少，蜂窝蛋类也向蛋壳外表面逐步融合封闭的类型转变；西峡—淅川恐龙蛋化石群主要以树枝蛋类为主，含有很少量的网形蛋类、石笋蛋类、长形蛋类和棱柱形蛋类，这些类型的蛋壳外表面大部分都已融合。这一变化应该很好地反映了恐龙蛋对于晚白垩世早—中期全球气候变化的趋势

的适应，关于二者之间的相关性还有待进一步研究。

晚白垩世中—晚期以莱阳恐龙蛋化石群为代表，主要以椭圆形蛋类和长形蛋类为主，含有少量的棱柱形蛋类和圆形蛋类；晚白垩世末期则以南雄恐龙蛋化石群为代表，主要以长形蛋类为主，含少量的棱柱形蛋类和椭圆形蛋类。

通过以上分析，我们发现河源恐龙蛋化石群与天台恐龙蛋化石群之间有着非常高的相关性。结合各化石群所在的古地理位置，这些相关性将为我们进一步探讨和研究恐龙的迁徙行为提供古生物证据。

第四章

河源恐龙动物群

石笋蛋类

河源恐龙博物馆主展厅

第一节　恐龙骨骼和恐龙足迹

河源盆地自1999年发现恐龙骨骼化石以来，虽然发现的骨骼化石数量非常少，但也具有一定的代表性，尤其是黄氏河源龙骨骼化石和霸王龙牙齿化石所代表的窃蛋龙类和霸王龙类组合，属于晚白垩世中晚期的典型代表。本章综合河源盆地发现的恐龙骨骼化石、恐龙蛋化石和恐龙足迹所代表的各类恐龙类型，概述晚白垩世时期河源恐龙动物群的组成及其特点。

窃蛋龙类

1999年，河源盆地同一化石坑中发掘出至少4个个体的黄氏河源龙标本（吕君昌，2005）。

兽脚类 Theropoda Marsh，1884
手盗龙类 Maniraptora Gauthier，1986
窃蛋龙目 Oviraptorosauria Barsbold，1976
窃蛋龙科 Oviraptoidae Barsbold，1976
河源龙属 *Heyuania* Lü，2003

黄氏河源龙　　*Heyuannia huangi* Lü，2003

正型标本　HYMV1-1，一近乎完整的化石骨架，缺失前肢和尾部末端部分，头骨不完整（图4-1）。
参考标本　HYMV1-2，一与不完整的乌喙骨相关节的

完整叉骨，右肩胛骨与一几乎完整的右前肢；HYMV1-3，部分右前足；HYMV1-4，部分后肢（与正型标本保存在同一石块上）；HYMV1-5，几乎完整的左前足；HYMV1-6，不完整的叉骨，左肱骨的近端，乌喙骨和肩胛骨，右乌喙骨、右肱骨，部分尺骨和桡骨，属于同一个体的10个远端尾椎，部分近端股骨和胫骨，肩胛骨的远端，部分头骨，以及部分下颌；HYMV1-7，第一指和尾部的远端；HYMV2-1，几乎完整的右前肢；HYMV2-2，部分尺骨、桡骨和肱骨；HYMV2-3，股骨和胫腓骨；HYMV2-4，肩带；HYMV2-5，部分后肢和腰带；HYMV2-6，中部尾椎；HYMV2-7，部分腰带；HYMV2-8，左桡骨、尺骨和第一掌骨。

产地和层位　河源市黄沙村，上白垩统东源组（吕君昌2005年，原文中为主田组）。

修订特征　方骨的方轭骨关节面浅沟状，方骨的支气囊从方骨前侧面进入方骨；第一掌骨的近端包裹第二掌骨的近端；颈椎的神经弓和肋骨上具有气孔；愈合的肩胛骨和乌喙骨的角度约145°；乌喙骨与肩胛骨的长度之比约0.35；耻骨和坐骨等长；股骨和胫骨长度之比为0.8（吕君昌，2005）。

虽然黄氏河源龙的头骨保存不完整，但是前上颌骨的保存部分显示了其头骨是无嵴突的。黄氏河源龙的上下颌均没有牙齿。黄氏河源龙的颈椎数目为13，比其他任何小型兽脚类恐龙的要多。黄氏河源龙有8个荐椎，多于大多数非鸟兽脚类恐龙。黄氏河源龙非常发育的肱骨三角嵴与其他进步的窃蛋龙类相类似，但是与恐爪龙和其他的兽脚类恐龙不同。黄氏河源龙手腕部的形状（手部和下臂的保存角度约为60°）在兽脚类恐龙中是非常特殊的，这

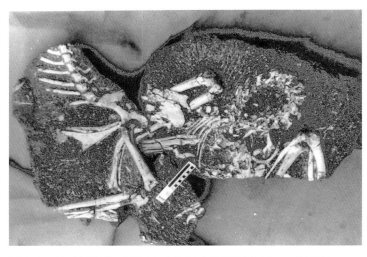
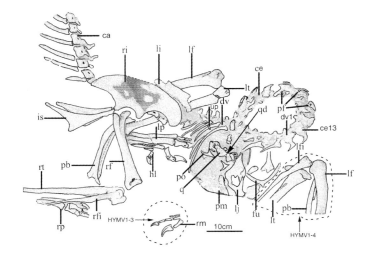

图4-1 黄氏河源龙正型标本（左）及其线描图（Lü，2003）

ca—尾椎椎体，ce—颈椎椎体，ce13—第十三颈椎椎体，dv—背椎椎体，dv1—第一背椎椎体，fu—叉骨，hl—后趾，is—坐骨，lf—左股骨，lfi—左腓骨，li—左肠骨，lj—下颌，lt—左胫骨，lp—左后足，pb—耻骨，pf—气腔孔，pm—前上颌骨，po—眶后骨，q—方骨，qd—方骨支气囊孔，rf—右股骨，rfi—右腓骨，ri—右肠骨，rm—右前足，rp—右后足，rt—右胫骨，up—钩突

图4-2 霸王龙（未定种）牙齿（据吕君昌等，2009）

从左至右，舌侧观、唇侧观、后面观、横截面观。

一现象出现在许多化石鸟类和一些小型带毛的兽脚类恐龙中，而在一些中到大型的非鸟兽脚类恐龙中未见报道。黄氏河源龙中所出现的与始祖鸟类似的半月形腕骨和掌骨之间的关系是独立获得的。黄氏河源龙第一指非常强壮，有宽大的第一掌骨。黄氏河源龙的坐骨柄相对强壮，耻骨柄细而较弱，肠骨的背边缘较直。黄氏河源龙的股骨远端前表面几乎平坦，没有膝盖骨（伸肌）沟，股骨后内侧面没有第四转子的迹象。胫骨与股骨长度之比为1.25，与适于奔跑的其他非鸟兽脚类恐龙及一些不会飞的鸟类相似。腓骨的远端细弱，达到跗骨。距骨上升突薄窄而向上渐缩。

霸王龙类

兽脚类 Theropoda Marsh，1881
坚尾龙类 Tetanurae Gauthier，1986
虚骨龙类 Coelurosauria Huene，1914
暴龙超科 Tyrannosauroidea Walker，1964
霸王龙科 Tyrannosauridae Osborn，1905
属种未定 gen. et sp. indet.

吕君昌等（2009）报道了东源县蝴蝶岭建筑工地发现

图4-3　蜥脚类颈椎

图4-4　蜥脚类肋骨

图4-5　鸟脚类恐龙部分骨骼化石

的一枚食肉恐龙牙齿。该牙齿（标本登记号为：HYMV-7）在施工过程中遭到严重损坏，保存长约为75.95 mm，估计长度达100 mm 以上，内外厚度约32.34 mm，前后厚度为41.79 mm，牙齿齿尖、齿根及大部分边缘锯齿均缺失。牙齿保存部分稍微弯曲（图4-2A），牙齿远端接近齿尖部分横截面呈椭圆形，中部横截面呈微弱的D形（图4-2D）。牙齿的釉质非常薄（图4-2A、C）。釉质脱落后暴露出的牙齿部分显示出明显的纵向条纹（图4-2B）。从牙齿中部的横截面看，牙本质厚度在不同方向上变化较大，具有明显的分层现象。牙齿髓腔与前边缘之间的厚度约10.61 mm，分为7层，与后边缘之间的厚度约为3.62 mm，只有1层。牙齿髓腔的最大直径（前后向）为29.12 mm，最小直径（舌-唇向）为19.48 mm。由于化石材料较少，并且牙齿上多数边缘锯齿均缺失，没有足够的鉴定特征来确定其属种，因此暂时未命名。该牙齿化石的发现，为河源盆地在晚白垩世存在霸王龙类提供了确

凿的依据。霸王龙类是一种凶猛的食肉恐龙，也是迄今已知最大的、灭绝的陆生食肉类动物。

在河源盆地，除了发现黄氏河源龙骨骼、霸王龙类牙齿化石外，在发现的为数不多的骨骼化石中，还有蜥脚类的颈椎、肋骨和少量鸟脚类的化石。2010年，董枝明在对河源骨骼标本进行修复时，将在高新区发现的一块化石鉴定为巨龙类恐龙不完整的颈椎（椎弓部分），从椎弓构造看，属于后部颈椎（图4-3）。2014年，吕君昌将在东源县万绿春天工地发现的2块长扁的骨骼，鉴定为蜥脚类恐龙肋骨的一部分（图4-4）；将在石峡北侧工地发现的几块小化石，鉴定为鸟脚类恐龙（可能为甲龙类）的趾骨（图4-5）。

此外，2002年在河源恐龙化石自然保护区还发现一批恐龙足迹化石（图4-6），这批材料尚未开展系统的分类学研究，据吕君昌等（2009）初步辨别，这些足迹包括蜥脚类、鸭嘴龙类及甲龙类等。

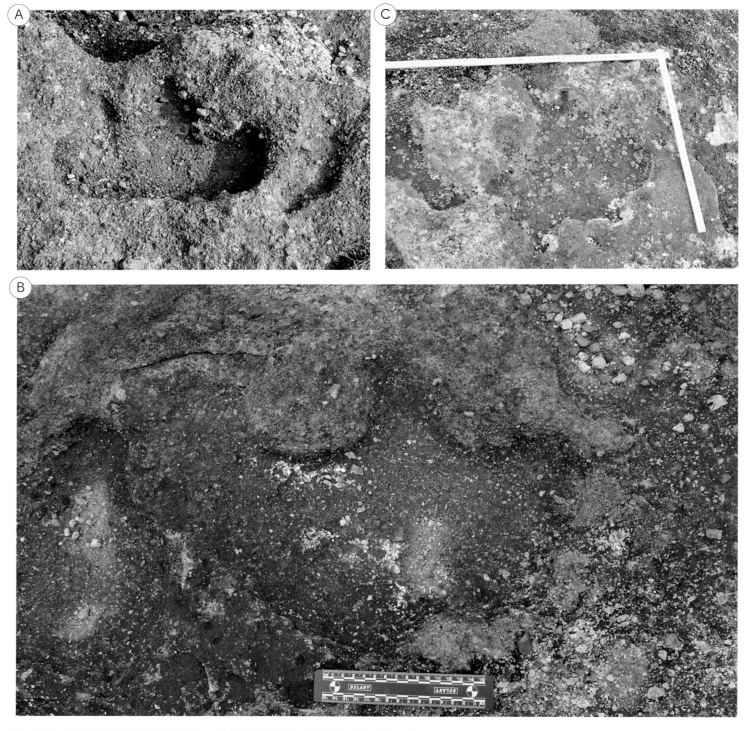

图4-6　在河源发现的部分恐龙足迹：甲龙类足迹（A、B）和鸟脚类足迹（C）

第二节 恐龙蛋所代表的恐龙类型

河源盆地发现的恐龙蛋类型多样，包括5蛋科11蛋属12蛋种，以及2未定蛋种。其中，瑶屯巨形蛋和长形长形蛋都被认为是窃蛋龙类所产。尤其是近年来，我国赣州盆地大量含胚胎恐龙蛋、恐龙与蛋窝共同保存标本的发现（Bi et al.，2021；Jin et al.，2020；Wang et al.，2006；Xing et al.，2021），将巨形蛋类同窃蛋龙之间建立起了较为紧密的联系。且1999年在同黄氏河源龙骨骼发现的同一区域，也有长形蛋类的蛋和蛋壳，由此可见河源盆地不仅有窃蛋龙生活，同时也是窃蛋龙的繁殖场所。

网纹副长形蛋也被认为可能是驰龙类的恐爪龙或相近属种的恐龙所产（Grellet-Tinner and Makovicky，2006；王强 等，2010；赵资奎 等，2015）。

河源棱柱形蛋属于棱柱形蛋科，美国蒙大拿州西部上白垩统的Two Medicine组中发现的这类蛋化石所含的胚胎，被认为属于伤齿龙（*Troodon* cf. *formosus*）（Horner and Weishampel，1996；赵资奎 等，2015）。

虽然河源盆地未发现驰龙类、伤齿龙类的骨骼，但是河源盆地网纹副长形蛋和棱柱形蛋的发现，也足以说明晚白垩世时期应该有驰龙类、伤齿龙类的恐龙生存，由此可见河源盆地晚白垩世时期，兽脚类恐龙多样性较高。

除了以上可能与兽脚类关系较为密切的恐龙蛋类型之外，河源盆地发现最多的当属石笋蛋类和蜂窝蛋类，这些类型的恐龙蛋无论在数量上，还是形态多样性上都非常丰富，尽管目前还不能完全确定这些恐龙蛋与哪些类型恐龙有关，但是可以想象晚白垩世时期河源盆地良好的生态环境，给这些类型恐龙提供了非常理想的繁殖场所。

综合恐龙骨骼化石、恐龙足迹和恐龙蛋化石多样性的研究，结合这些重要古生物化石在河源盆地晚白垩世红层中的分布，河源盆地恐龙动物群组成可以划分为两个阶段：第一阶段为晚白垩世早—中期（Turonian-Santonian），这一时期主要以蜥脚类、鸟脚类和少量的兽脚类（如伤齿龙）为代表；第二阶段为晚白垩世中—晚期（Campanian），主要以窃蛋龙类和霸王龙类为代表，不排除还有少量的鸟脚类、兽脚类恐龙，这些恐龙共同组成了河源恐龙动物群多样组合的面貌。这些恐龙类型组合随着地质时代的变化，反映出河源盆地古地理、古环境的变化，从而为我们了解河源盆地的演化提供了丰富的古生物学证据（图4-7）。

图4-7 在河源市源城区大桂山自然保护区发现原始成片的植食性恐龙主要食物——桫椤

第五章

河源恐龙资源保护与利用

石笋蛋类

河源恐龙博物馆全景图

第一节　河源恐龙资源保护

1. 采取法律手段加强保护

　　1996年3月6日，在河源市啸仙中学旁边的南湖山庄工地发现恐龙蛋，这次发现得到了河源市政府的极大关注。河源市人民政府及时发布了《关于保护恐龙蛋化石的通告》（河府［1996］10号）（图5-1），确立了保护区和监控区，并建立了相应的奖惩制度，很好地保障了河源大量的恐龙蛋不被破坏、不流失（图5-2，图5-3）。2015年9月河源市获得地方立法权，制定的第一部实体法就是《河源市恐龙地质遗迹保护条例》（图5-4），并于2017年3月6日正式实施，初步建立起市政府统一领导规划，市自然资源、林业、文物等政府相关部门协同保护的责任体系，建立及完善了相关规范性保障机制，有效遏制有关违法犯罪活动，提高了河源市居民的恐龙地质遗迹保护的法治意识。

图5-1　1996年3月12日，河源市人民政府发布保护恐龙蛋化石的通告

图5-2　群众主动上缴恐龙蛋化石（2005年）

图5-3　警方将追缴的恐龙蛋化石移交河源市博物馆（2015年）

图5-4　河源市首部实体法

图5-5　首次表彰奖励大会（1996年）

图5-6　第四批表彰奖励大会（1999年）

图5-7　第六批表彰奖励大会（2001年）

图5-8　第十一批表彰表彰大会（2004年）

2. 公开表彰奖励

河源市人民政府在河源恐龙地质遗迹资源保护上从两方面入手。一方面，各级公安机关、综合执法队等执法部门，严厉打击各类盗掘和贩卖恐龙化石的违法犯罪行为；另一方面由河源市博物馆配合市政府，公开表彰奖励保护恐龙蛋化石的有功单位和个人。截至2021年12月，河源市博物馆协助市政府表彰奖励了十六批次保护恐龙蛋化石的有功单位和个人，共计表彰奖励有功人员692人次、有功单位17个次（图5-5～图5-10）。

图5-9 第十五批表彰奖励大会（2016年）

图5-10 第十六批表彰奖励大会（2021年）

图5-11 博物馆工作人员会同属地公安干警到工地巡查及宣讲化石保护政策（2005年）

图5-12 博物馆工作人员在河埔大道施工工地采集搬运恐龙蛋化石（1996年）

图5-13 博物馆工作人员在恐龙骨骼化石挖掘现场就餐（1999年）

图5-14 博物馆工作人员在大同路施工现场抢救性采集恐龙蛋化石（2015年）

图5-15 博物馆工作人员在联新村施工现场抢救性采集恐龙蛋化石（2020年）

图5-16 博物馆工作人员和相关执法部门在江东新区施工工地收缴恐龙蛋化石（2020年）

3. 及时抢救性采集

长期以来，河源市博物馆非常重视古生物保护的宣传与推广，经常组织人员到各类建设工地向工人开展宣传教育工作（图5-11），并定期安排工作人员巡视在白垩纪红砂岩层分布区施工的工地，对于施工过程中发现的标本做好记录、拍照，并进行抢救性采集（图5-12～图5-16）。

图5-17 博物馆工作人员对恐龙蛋化石进行普查登记（2015年）

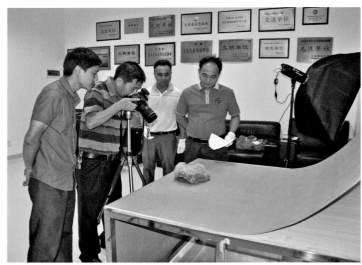

图5-18 博物馆工作人员对恐龙蛋化石拍照（2015年）

图5-19 博物馆工作人员在展厅对恐龙蛋进行编号（2015年）

4. 加强普查建档

目前，河源市博物馆共完成登录恐龙地质遗迹4 000多套15 000多枚，相关数据已录入国家文物普查管理系统，新增的近5 000枚恐龙蛋正在普查之中，基本掌握了河源恐龙博物馆馆藏恐龙地质遗迹的数量、保存状况和利用管理等情况，建立和完善了恐龙地质遗迹档案和信息管理平台（图5-17～图5-19）。

第二节　科学采集与专业修复

1. 恐龙骨骼化石的采集与修复

1999年7月，在源城区黄沙村的一处工地首次发现了恐龙骨骼化石，这是河源继发现恐龙蛋化石后的又一重大发现，引起了国际学术界对河源古生物资源的广泛关注。同年8月，中国科学院古脊椎动物与古人类研究所（以下称古脊椎所）董枝明研究员和吕君昌博士等来到河源，对化石点进行了现场考察（图5-20），发现一块长约20厘米的恐龙肢骨和一些长形恐龙蛋。基于这些重要的发现，河源市博物馆工作人员同古脊椎所研究人员共同进行了为期15天的科学采集，共挖掘出3具恐龙的骨骼化石（图5-21）。随后，河源市博物馆在董枝明指导下对这批恐龙骨骼化石进行了细致修复（图5-22～图5-24）。

2. 黄氏河源龙副型标本修复装架

为更好地展示河源恐龙的多样性，河源市博物馆从2018年5月起，在吕君昌、王强、李岩等的技术指导下（图5-25），对黄氏河源龙骨骼化石副型标本进行修复装架后，给一堆化石残骸注入了新"生命"。

黄氏河源龙骨骼化石修复装架过程中，前肢部分的肱骨、桡骨、尺骨、前掌骨，后肢部分的股骨、胫骨、腓骨、后足掌骨和躯干部分的肠骨、腰椎骨相继被取出修复（图5-26）。层层重叠在一起的骨骼化石被凿取装架后，可

准确清晰地掌握黄氏河源龙骨骼的形态，为复原其形象起到关键作用。为达到最好的展示效果，缺失部分用石膏制模替代，组合成完整的标本。

装架后的黄氏河源龙站立标本高126厘米，长193厘米（图5-27）。同时，充分考虑后续展厅升级改造和巡展等需求，利用装架后剩余的部分骨骼模型和两窝完整的窃蛋龙窝，另外组装了一具产蛋姿态和一具孵蛋姿态的黄氏河源龙骨骼模型。

修复装架后的黄氏河源龙骨骼标本经与最初复制的模型相比较，发现前肢部分相差比较大。这是由于当初尚未对标本进行分离，以致在制作模型时将前肢想象为类似鸟类的翅膀模样。此次装架过程中发现，其实前肢部分含肱骨、桡骨、尺骨、掌骨，长度至少有40.1厘米，并非原模型上前肢退化为翅膀尖上的三个独立的爪，因而黄氏河源龙应该具有较为灵活的能抓握的"双手"，每只"手"有三个锋利的前爪。

3. 恐龙蛋的修复

自1996年以来，河源市博物馆对施工过程中发现的恐龙蛋进行了抢救性采集，收集了河源恐龙蛋不同类型的产出层位、埋藏环境等第一手资料。为了能更好地展现不同类型恐龙蛋蛋窝的结构状态，河源市博物馆与古脊椎所合作，对恐龙蛋进行了科学的修复与保护（图5-28～图5-34），为恐龙蛋的系统分类学研究奠定了基础。

图5-20 董枝明和吕君昌在恐龙骨骼化石点周边考察（1999年）

图5-21 吕君昌在黄沙村恐龙骨骼化石发掘现场指导发掘工作（2000年）

图5-22 董枝明对采集到的恐龙肢骨化石进行修复和初步研究（1999年）

图5-23 博物馆工作人员在修复恐龙骨骼化石（2005年）

图5-24 董枝明和王涛指导黄氏河源龙（正型标本）的保护工作（2010年）

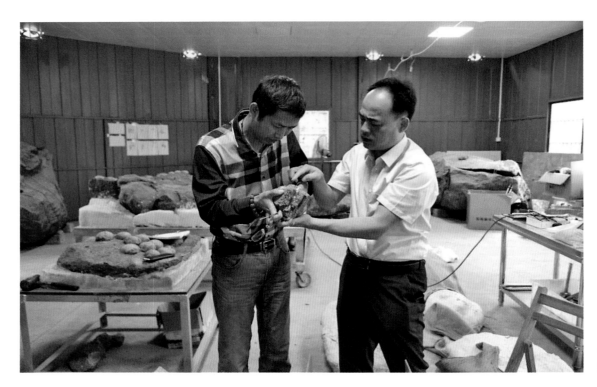

图5-25 吕君昌指导黄氏河源龙副型标本修复装架（2018年）

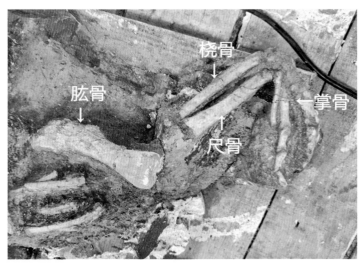

桡骨

肱骨

尺骨

掌骨

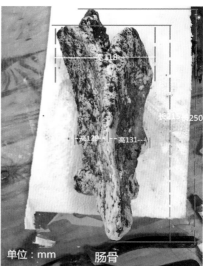

单位：mm

肠骨

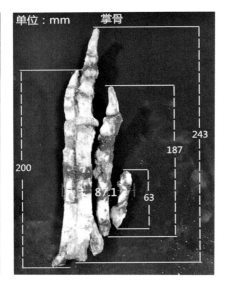

单位：mm　掌骨

图5-26 2018年5月—2019年8月，河源市博物馆技术人员在吕君昌等的指导下完成了黄氏河源龙副型标本的修复与装架工作

图5-27　修复装架后的黄氏河源龙站立标本

图 5-28 对风化的大型恐龙蛋窝进行加固（2016年）

图 5-29 对恐龙蛋窝进行拼接和加固（2016年）

图 5-30 赵资奎研究员查看完成修复的恐龙蛋窝（2017年）

图5-31 从大同路抢救性采集回来的恐龙蛋化石状态（2015年）

图5-32 大同路恐龙蛋窝初步拼合后的状态

图5-33 古脊椎所和博物馆的工作人员对大同路出土的恐龙蛋窝进行精细修复

图5-34 大同路恐龙蛋窝修复后的状态

第三节　科研合作与学术交流

1. 设立中国古动物馆恐龙蛋馆

　　我国恐龙蛋分布广泛、种类丰富、数量巨大，但仅有为数不多的几个地区对恐龙蛋进行了很好的保护和收藏，河源市博物馆就是其中之一。截至2021年年底，河源市博物馆有各类恐龙蛋藏品19 600多枚，为世界之最。河源恐龙蛋的发现与研究，极大地丰富和推动了我们对恐龙等古生物的了解，同时对了解晚白垩世时期河源地区的古环境、古地理、古气候等提供了丰富的材料。

　　古脊椎所结合研究所发展战略，积极推动与地方科研机构的全面合作。2012年，古脊椎所经与河源市人民政府充分协商，将河源市博物馆管辖的河源恐龙博物馆作为中国古动物馆的分馆，馆名为：中国古动物馆恐龙蛋馆，双方共同努力将中国古动物馆恐龙蛋馆建设成为集科学研究、科普教育于一体，独具特色的专门性国家级博物馆，并通过若干年的努力，使其成为世界性恐龙蛋研究基地（图5-35～图5-39）。

图5-36　古脊椎所时任所长周忠和院士（右一）、赵资奎研究员（左二）、王强博士等在中华恐龙遗迹公园调研（2013年）

图5-35　中国古动物馆恐龙蛋馆挂牌仪式

图5-37 广东省文物局局长苏桂芬（左一）、古脊椎所汪筱林研究员（左三）等在博物馆查看大型富集恐龙蛋的红砂岩（2013年）

图5-38 河源市文广新局领导到访古脊椎所，与科研人员商讨河源恐龙科研、科普合作事宜（2014年）

图5-39 古脊椎所所长邓涛研究员（左二）、中国古动物馆馆长王原研究员（左一）等在中华恐龙遗迹公园考察（2019年）

　　2013年4月17日，古脊椎所与河源市政府共同举行了"中国古动物馆恐龙蛋馆"挂牌仪式。自此之后，双方紧密合作，共同开展"河源恐龙化石地质遗迹专项调查与评价"专题调查研究、"河源恐龙蛋化石群及其古环境研究"等系列科研项目。

图 5-40　古脊椎所、中山大学地球科学与地质工程学院、河源市博物馆三方人员在中大洽谈三方合作事宜（2014年）

图 5-41　古脊椎所、中山大学地球科学与地质工程学院、河源市博物馆三方人员考察河源恐龙资源（2015年）

2.　加强与高校合作

　　在设立中国古动物馆恐龙蛋馆的基础上，赵资奎研究员全面考虑古生物学、地质学、古地理和古环境等相关学科综合研究的需要，依托古脊椎所在古脊椎动物方面的科研实力、中山大学在地质学相关专业和地域优势、河源的地质与古生物资源优势，积极推动三方在人才培养、科学研究、科普宣传等方面的深入合作（图5-40～图5-43）。

图5-42 古脊椎所、中山大学地球科学与地质工程学院、河源市博物馆联合开展野外考察（2015年）

图5-43 古脊椎所、河源市博物馆工作人员在施工工地联合考察（2015年）

图5-44 2005年河源国际恐龙学术研讨会合影

图5-45 中外恐龙研究学者在河源恐龙遗迹公园调研（2005年）

3. 学术交流

2005年4月8日至12日，由河源市人民政府主办，中国地质调查局地层古生物中心协办的"河源国际恐龙学术研讨会"在河源顺利召开（图5-44～图5-47），进一步增强了国际学术界对河源恐龙资源的了解。此外，河源恐龙博物馆还积极组织学者们在馆内举办学术报告讲座（图5-48，图5-49），介绍河源恐龙资源最新的研究进展。

图5-46　董枝明研究员主持大会并做学术报告

图5-47　赵资奎研究员做学术报告

图5-48　吕君昌博士在河源恐龙博物馆做学术报告（2015年）

图5-49　王强博士在河源恐龙博物馆做学术报告（2016年）

第四节　　科普创作和开发利用

1. 恐龙新家与基本陈列

河源恐龙资源的发现与研究得到了河源市委市政府的高度重视，为了更好地展示河源恐龙资源，提升河源市博物馆的展陈条件，河源恐龙博物馆于2008年8月8日奠基开工，2010年11月26日对外开放，并于2013年与古脊椎所合作，成立"中国古动物馆恐龙蛋馆"（图5-50）。该馆建筑面积8 300平方米，展厅面积2 800平方米，以"恐龙产房""恐龙足迹""恐龙故乡"三个基本陈列馆展出馆藏近2万枚各种恐龙蛋、10多具不同类型恐龙骨骼化石，以及众多恐龙足迹化石模型（图5-51～图5-53）。此外，随着藏品的逐年增加，河源恐龙博物馆积极加强馆藏硬件条件的提升改造（图5-54）。

目前，河源恐龙博物馆是国家二级博物馆（图5-55）、中国古生物学会全国科普教育基地（图5-56）、国家4A级旅游景区（图5-57）、广东省科普教育基地、广东省青少年科技教育基地、广东省人文社会科学普及基地、河源市中小学生研学实践基地，曾被评为"海外华人最喜欢的广东历史文化景区"和"河源最具文化底蕴景观"。

图5-50　中国古动物馆恐龙蛋馆（河源恐龙博物馆）

图 5-51 河源恐龙博物馆恐龙模型组合场景

图 5-52 "恐龙故乡"展厅一角

图 5-53 "恐龙产房"展厅一角

图5-54 河源恐龙博物馆古生物化石标本库房

图5-55 "国家二级博物馆"揭牌（2018年11月）

图5-56 中国古生物学会授予河源恐龙博物馆"全国科普教育基地"称号（2015年8月）

图5-57 河源恐龙文博园获评国家4A级旅游景区（2020年9月）

2. 恐龙资源的活化利用

（1）恐龙文化元素的挖掘利用

河源市博物馆在河源市委市政府的大力支持下，利用馆藏恐龙资源创作建设了主体高4米、全长338米的大型恐龙梦幻世界雕塑墙（图5-58）、高9米的恐龙主题雕塑（图5-59）、10组钢铁恐龙创意雕塑群（图5-60）、7组共10个恐龙仿真生活场景（图5-61）；设置了"与远古恐龙合影""恐龙战野"等互动项目；完成了"史前部落"恐龙科普乐园的建设（图5-62），建成了"奇妙恐龙涂鸦""AR重返侏罗纪""历险白垩纪""达尔文实验室"等互动展项；设计了恐龙文化IP（图5-63），河源恐龙文化元素得到进一步彰显。

图5-58 恐龙梦幻世界雕塑墙

图5-59 "中华恐龙之乡"主题雕塑

图5-60 钢铁恐龙创意雕塑群

图5-61　恐龙仿真生活场景

图5-62　"史前部落"恐龙科普乐园

图5-63　河源文旅体吉祥物和河源文旅体商标

图5-64 "我与恐龙有个约会"科普主题活动（2014年）

图5-65 "我是小小考古家"手工活动（2019年）

（2）恐龙文化的宣传教育

河源市博物馆与相关教育机构签订教育共建协议，组织中小学生参加与恐龙文化有关的科普教育活动。博物馆策划以恐龙文化为主题的博趣手工项目、"我与恐龙有个约会""我是小小考古家""遇见侏罗纪·恐龙大冒险"等系列社教活动（图5-64～图5-69）。随着信息化技术的提高，恐龙博物馆开发了自助导览APP、微信智能导览系统，并完成了"云"游恐龙文博园数字化建设。随着粤赣高铁的开通，借助流动的车轮在粤赣高铁沿线加强恐龙文化的形象宣传（图5-70）。

图5-66 创意小恐龙手工课（2018年）

图5-67 少儿恐龙绘画（2018年）

图5-68 "恐龙化石创意黏土"手工课（2019年）

图5-69 首届少儿恐龙手工作品大赛（2019年）

图5-70 "中国万绿湖·世界中华龙"高铁形象宣传

图5-71 2017年5月,《河源恐龙》邮册及纪念信封正式发行

图5-72 河源恐龙摆件

图5-73 2021年7月,"6 600万年前的回响"恐龙文化贵金属日晷正式发布

(3)恐龙文创产品研制开发

河源市博物馆为了更好地推广河源恐龙文化,设立了文创产品开发中心。中心已开发具有河源恐龙文化元素的文化衫、恐龙邮册(图5-71)、恐龙玩具(图5-72)、"6 600万年前的回响"恐龙文化贵金属日晷(图5-73)、河源龙数字文创等一批优秀文创产品。

图5-74 《河源龙求偶》动漫短视频

图5-75 《穿越白垩纪——河源恐龙探秘》首映式

（4）恐龙文化动漫和短视频制作

为了更好地借助新的展示手段，将生硬的骨骼标本活灵活现地展示给大众，河源市博物馆策划制作了《河源龙求偶》《河源龙筑巢产卵》两部黄氏河源龙动漫微电影，通过小故事来展现黄氏河源龙的生活场景，在展厅进行循环播放（图5-74）。为了全景式展现河源恐龙文化丰富内涵，河源市博物馆配合市委宣传部通过细腻的实景拍摄和先进的动漫还原制作技术，以微观切入、宏观叙事的方式，拍摄制作了《穿越白垩纪——河源恐龙探秘》科幻动漫微纪录片（图5-75）。该片分《山河密码》《神秘面纱》《撼世奇观》《凤凰涅槃》《诺亚方舟》《时代担当》6个片段，探索远古的河源恐龙世界和河源恐龙前世今生的故事，通过"过去、现代、未来"三个维度讲述河源与恐龙的渊源。

图5-76 2019年8月，中央电视台新闻频道专题报道河源市9岁男孩发现恐龙蛋的新闻

3. 河源恐龙的媒体宣传与巡回展览

为讲好河源恐龙文化故事、擦亮河源恐龙文化品牌、提升河源知名度和美誉度，河源市博物馆加强与媒体的沟通联系，每年在不同电视台和报纸播放刊发了大量恐龙方面的各种报道，如近8年在传统媒体播放刊发了200余条（篇）新闻（图5-76，图5-77）。同时积极利用博物馆的官方网站、微博、微信公众号、视频号等新媒体平台，以及在"5.18国际博物馆日"、"3.6河源市恐龙地质遗迹保护宣传日"等时间节点策划组织各种社会教育活动，宣传推介河源恐龙文化资源，先后与中央电视台、广东省和河源市电视台合作拍摄制作《古兽真相之窃蛋谜案》《寻找恐龙之源》《广东河源恐龙出世》等多个恐龙文化专题片（图

5-78）；与中国联通公司联合举办河源恐龙博物馆5G互动直播活动，与中国古动物馆联合举办"每天一只恐龙"网络推介活动，与古脊所联合举办"中国恐龙的新家"网络直播活动（图5-79）；与中国新闻网、广东电视台分别开展了"小新在直播""云游河源恐龙博物馆"新媒体直播活动；与河源广播电视台合作，推出了《我在河源修龙蛋》音视频及《河源文物说》广播节目；举办"我眼中的河源恐龙文博园"摄影大赛，出版了《河源恐龙》《客家古邑恐龙之乡》《河源文博》等书刊（图5-80）；精心策划"河源龙普法专题展览系列——河源龙'源源'说《河源市恐龙地质遗迹保护条例》"专题展览，送到基层开展社区普法活动。

此外，为了更好推广和宣传河源恐龙文化，帮助大众对恐龙文化的了解，河源市博物馆组织策划了河源恐龙化石科普展在广东省内的巡回展览（图5-81）。

图5-77 2020年9月，中央电视台科教频道播放河源恐龙文化节目

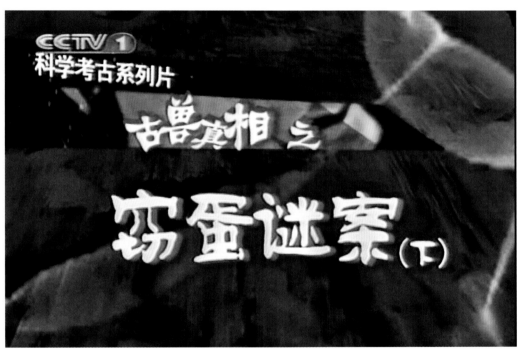

图5-78 河源市博物馆与中央电视台合作拍摄的《古兽真相之窃蛋谜案》科普片

图5-79 "中国恐龙的新家"网络直播活动（2020年）

图5-80 河源市博物馆编制的恐龙科普读本、专题片

图5-81 在梅州市华侨博物馆举办"恐龙化石科普展览"

参考文献

陈丕基. 1986. 广东南雄上湖组叶肢介化石的发现——并论中国古新世陆相地层. 古生物学报, 25 (4): 380-393.

程政武, 方晓思, 王毅民, 等. 1995. 河南西峡盆地产恐龙蛋地层研究新进展. 科学通报, 40 (16): 1487-1490.

杜衍礼, 黄志青. 2020. 黄氏河源龙的前世今生. 大自然, (3): 52-55.

方晓思, 程政武, 张志军, 等. 2007a. 豫西南—鄂西北一带恐龙蛋化石演化序列与环境变迁. 地球学报, 28 (2): 97-110.

方晓思, 李佩贤, 张志军, 等. 2009a. 广东南雄白垩系及恐龙蛋到鸟蛋演化研究. 地球学报, 30 (2): 167-186.

方晓思, 岳昭, 凌虹. 2009b. 近十五年来蛋化石研究概况. 地球学报, 30 (4): 523-542.

方晓思, 张志军, 张显球, 等. 2005. 广东河源盆地蛋化石. 地质通报, 24 (2): 682-686.

方晓思, 卢立伍, 程政武, 等. 1998. 河南西峡白垩纪蛋化石. 北京: 地质出版社, 1-125.

方晓思, 卢立伍, 蒋严根, 等. 2003. 浙江天台盆地蛋化石与恐龙的绝灭. 地质通报, 22 (7): 512-520.

方晓思, 王耀忠, 蒋严根. 2000. 浙江天台晚白垩世蛋化石生物地层研究. 地质论评, 46 (1): 105-112.

方晓思, 张志军, 庞其清, 等. 2007b. 河南西峡白垩纪地层和蛋化石. 地球学报, 28 (2): 123-142.

关康年, 周修高, 任有福, 等. 1997. 湖北郧县青龙山一带晚白垩世地层及恐龙蛋化石初步研究. 地球科学-中国地质大学学报, 22 (6): 565-569.

何俊德, 黄仁金. 1979. 广东南雄盆地晚白垩世至早第三纪地层. 地层学杂志, 3 (1): 30-39.

黄东. 2006. 广东河源盆地脊椎动物化石概述//Lü J C, Kobayashi Y, Huang D, et al. eds. Papers from the 2005 Heyuan International Dinosaur Symposium. Beijing: Geological Publishing House, 1-9.

贾松海, 方开永, 高殿松, 等. 2020. 河南淅川盆地上白垩统恐龙蛋一新蛋种. 地质学报, 94 (10): 2816-2822.

李佩贤, 程政武, 张志军, 等. 2007. 广东南雄盆地的"南雄层"和"丹霞层". 地球学报, 28 (2): 181-189.

李酉兴, 尹仲科, 刘羽. 1995. 河南西峡恐龙蛋一新属的发现. 武汉化工学院学报, 17 (1): 38-40.

凌秋贤, 张显球, 林建南. 2005. 南雄盆地白垩纪—古近纪地层研究进展. 地层学杂志, 29 (s): 576-601.

凌秋贤, 张显球. 2002. 广东河源盆地红层的初步研究. 地层学杂志, 26 (4): 264-271.

刘东生. 1951. 山东莱阳恐龙及蛋化石发现的经过. 科学通报, 2 (11): 1157-1162.

刘云, 王宗哲. 1986. 广东南雄盆地白垩—第三系界线地层岩性特征及环境分析. 地层学杂志, 10 (3): 190-203.

吕君昌, 黄东, 张松. 2000. 广东省首次发现窃蛋龙类化石. 古脊椎动物学报, (2): 99.

吕君昌, 刘艺, 黄志青, 等. 2009. 广东河源盆地晚白垩世霸王龙类牙齿化石的发现及其意义. 地质通报, 28 (6): 701-704.

吕君昌. 2005. 中国南方窃蛋龙类化石. 北京: 地质出版社. 1-83.

邱立诚, 黄东. 2001. 广东河源盆地的恐龙化石//邓涛, 王原, 主编. 第八届中国古脊椎动物学学术年会论文集. 北京: 海洋出版社, 55-59.

邱立诚. 1999. 广东新发现的恐龙蛋化石地点//王元青, 邓涛, 主编. 第七届中国古脊椎动物学学术年会论文集. 北京: 海洋出版社, 105-108.

谭锡畴. 1923. 山东中生代及旧第三纪地层. 地质汇报, 5: 55-79.

童永生, 李曼英, 李茜. 2002. 广东南雄盆地白垩系—古近系界线. 地质通报, 21 (10): 668-674.

童永生, 李茜, 王元青. 2013. 中国早古近纪陆相地层划分框架研究. 地层学杂志, 37 (4): 428-440.

童永生, 张玉萍, 王伴月, 等. 1976. 南雄盆地和池江盆地早第三纪地层. 古脊椎动物学报, 14 (1): 16-25.

汪筱林, 王强, 王建华, 等. 2010. 山东莱阳白垩纪恐龙和恐龙蛋化石的发现与研究//董为, 编. 第十二届中国古脊椎动物学学术年会论文集. 北京: 海洋出版社, 293-306.

王德有, 陈丕基, 陈金华, 等. 2006. 河南西峡盆地含恐龙蛋地层中无脊椎动物化石的首次发现. 古生物学报, 45 (4): 494-497.

王德有, 周世全. 1995. 西峡盆地新类型恐龙蛋化石的发现. 河南地质, 13 (4): 262-267.

王强, 汪筱林, 赵资奎, 等. 2015. 浙江天台恐龙蛋化石群. 上海: 上海科学技术出版社.

王强, 汪筱林, 赵资奎, 等. 2012. 浙江天台盆地上白垩统恐龙蛋一新蛋科及其蛋壳形成机理. 科学通报, 57 (31): 2899-2908.

王强, 赵资奎, 汪筱林, 等. 2010a. 浙江天台晚白垩世巨型长形蛋科一新属及巨型长形蛋科的分类订正. 古生物学报, 49 (1): 73-86.

王强，赵资奎，汪筱林，等．2013．浙江天台盆地网形蛋类新类型及网形蛋类的分类订正．古脊椎动物学报，51（1）：43-54．

薛祥熙，张云翔，毕延，等．1996．秦岭东段山间盆地发育及自然环境变迁．北京：地质出版社，1-181．

杨钟健．1954．山东莱阳蛋化石．古生物学报，2（4）：371-388．

杨钟健．1958．山东莱阳恐龙化石．中国古生物志新丙种（16）．北京：科学出版社，1-138．

杨钟健．1965．广东南雄、始兴，江西赣州的蛋化石．古脊椎动物学报，9（2）：141-159．

俞云文，陈景，金幸生，等．2003．浙江永康发现Faveoloolithidae恐龙蛋化石．地质通报，22（3）：218-219．

张蜀康．2010．中国白垩纪蜂窝蛋化石的分类订正．古脊椎动物学报，48（3）：203-219．

张韦，黄蓬源．1999．广东恐龙蛋层位及其分布．地层学杂志，23（2）：89-95．

张显球，林建南，李罡，等．2006．南雄盆地大塘白垩系—古近系界线剖面研究．地层学杂志，30（4）：327-340．

张显球，凌秋贤，林建南．2005．广东河源盆地红层研究现状．地层学杂志，29（s1）：602-607．

张显球，张喜满，侯明才，等．2013．南雄盆地红层岩石地层划分．地层学杂志，37（4）：441-451．

张显球，张志军，李宏博，等．2007．南雄盆地武台岗白垩系与古近系界线剖面研究进展．地球学报，28（3）：299-308．

张显球．1984．南雄盆地坪岭剖面罗佛寨群的划分及其生物群．地层学杂志，8（4）：239-254．

张显球．1992．广东南雄盆地上湖组介形类动物群及白垩—第三系界线．古生物学报，31（6）：678-702．

张玉光，李奎．1998．中国恐龙蛋化石及其生态地层浅析．岩相古地理，18（2）：32-38．

张玉萍，童永生．1963．广东南雄盆地"红层"的划分．古脊椎动物学报，7（3）：249-260．

赵宏，赵资奎．1998．河南淅川盆地的恐龙蛋．古脊椎动物学报，36（4）：282-296．

赵资奎，王强，张蜀康．2015．恐龙蛋类//中国古脊椎动物志，第二卷　两栖类　爬行类　鸟类．北京：科学出版社，1-163．

赵资奎，叶捷，李华梅，等．1991．广东省南雄盆地白垩系—第三系交界恐龙绝灭问题．古脊椎动物学报，29（1）：1-20．

赵资奎，叶捷，王强．2017．南雄盆地白垩纪—古近纪交界恐龙灭绝和哺乳动物复苏．科学通报，62（17）：1869-1881．

赵资奎，丁尚仁．1976．宁夏阿拉善左旗恐龙蛋化石的发现及其意义．古脊椎动物学报，14（1）：42-44.

赵资奎，李荣．1993．内蒙古巴音满都呼晚白垩世棱齿龙蛋化石的发现．古脊椎动物学报，31（2）：77-84.

赵资奎．1975．广东南雄恐龙蛋化石的显微结构——兼论恐龙蛋化石的分类问题．古脊椎动物学报，13（2）：105-117.

赵资奎．1979a．我国恐龙蛋化石研究的进展//中国科学院古脊椎动物与古人类研究所、南京地质古生物研究所，编．华南中、新生代红层——广东南雄"华南白垩纪—早第三纪红层现场会议"论文选集．北京：科学出版社，330-340.

赵资奎．1979b．河南内乡新的恐龙蛋类型和恐龙脚印化石的发现及其意义．古脊椎动物学报，17（4）：304-309.

郑家坚，汤英俊，邱占祥，等．1973．广东南雄晚白垩世—早第三纪地层剖面的观察．古脊椎动物学报，11（1）：18-28.

周明镇．1954．山东莱阳化石蛋壳的微细结构．古生物学报，2（4）：389-394.

周世全，崔保建，郭一峰，等．2010．走近恐龙蛋世界．武汉：中国地质大学出版社，1-160.

周世全，冯祖杰，张国建．2001．河南恐龙蛋化石组合类型及其地层时代意义．现代地质，15（4）：362-369.

周世全，冯祖杰．2002．河南恐龙蛋化石层位及其上、下界限问题．资源调查与环境，23（1）：68-76.

周世全，韩世敬，张永才．1979．河南李官桥盆地"红层"划分的意见．（1）：43-55.

周世全，韩世敬，张永才．1983．河南西峡盆地晚白垩世地层．地层学杂志，7（1）：64-70.

周世全，韩世敬．1993．河南省恐龙蛋化石的初步研究．河南地质，11（1）：44-51.

周世全，罗铭玖，王德有，等．1997．豫西南晚白垩世地层时代研究的进展．地层学杂志，21（2）：151-155.

周修高，任有福，徐世球，等．1998．湖北郧县青龙山一带晚白垩世恐龙蛋化石．湖北地矿，12（3）：1-8.

邹松林，王强，汪筱林．2013．江西萍乡地区晚白垩世副蜂窝蛋类一新蛋种．古脊椎动物学报，51（2）：102-106.

Bi S D, Amiot R, Peyre de Fabregues C, et al. 2021. An oviraptorid preserved atop an embryo-bearing egg clutch sheds light on the reproductive biology of non-avialan theropod dinosaurs. Science Bulletin, 66: 947-954.

Chow M C. 1951. Notes on the Late Cretaceous dinosaurian remains and the fossil eggs from Laiyang, Shantung. Bulletin of the Geological Society of China, 31 (1-4): 89-96.

Grellet-Tinner G, Fiorelli L E, Salvador R B. 2012. Water

vapor conductance of the Lower Cretaceous dinosaurian eggs from Sanagasta, La Rioja, Argentina: paleobiological and paleoecological implications for south American faveoloolithid and megaloolithid eggs. Palaios, 27: 35–47.

Grellet-Tinner G, Fiorelli L E. 2010. A new Argentinean nesting site showing neosauropod dinosaur reproduction in a Cretaceous hydrothermal environment. Nature Communications, 1: 32, DOI: 10.1038/ncomms 1031.

Grellet-Tinner G, Makovicky P. 2006. A possible egg of the dromaeosaur *Deinonychus antirrhopus*: phylogenetic and biological implications. Canadian of Earth Sciences, 43(6): 705–719.

Hirsch K F, Quinn B. 1990. Eggs and eggshell fragments from the Upper Cretaceous Two Medicine Formation of Montana. Journal of Vertebrate Paleontology, 10(4): 491–511.

Hirsch K F. 1994. Upper Jurassic eggshells from western interior of North America//Carpenter K, Hirsch K, Horner J R, eds. Dinosaur Eggs and Babies. Cambridge: Cambridge University Press. 137–150.

Horner J R, Makela R, 1979. Nest of juveniles provides evidence of family structure among dinosaurs. Nature, 282: 296–298.

Horner J R, Weishampel D B, 1996. A comparative embryological study of two ornithischian dinosaurs: correction. Nature, 383: 103.

Huh M, Zelenitsky D K. 2002. Rich dinosaur nesting site from the Cretaceous of Bosung County, Chullanam-Do Province, South Korea. Journal of Vertebrate Paleontology, 22(3): 716–718.

Jin X S, Varricchio D J, Poust A W, et al. 2020. An oviraptorosaur adult-egg association from the Cretaceous of Jiangxi Province, China. Journal of Vertebrate Paleontology, DOI: 10.1080/02724634.2019.1739060.

Lü J C, Azuma Y, Huang D, et al. 2006. New troodontid dinosaur eggs from the Heyuan Basin of Guangdong Province, Southern China//Lü J C, Kobayashi Y, Huang D, et al. eds. Papers from the 2005 Heyuan International Dinosaur Symposium. Beijing: Geological Publishing House, 11–18.

Lü J C. 2002. A new oviraptorosaurid (Theropoda: Oviraptorosauria) from the Late Cretaceous of Southern China. Journal of Vertebrate Paleontology, 22(4): 871–875.

Mikhailov K E, Sabath K, Kurzanov S. 1994. Eggs and nests from Cretecous of Mongolia//Carpenter K, Hirsch K, Horner J R, eds. Dinosaur Eggs and Babies. Cambridge: Cambridge University Press. 88–115.

Mikhailov K E. 1994a. Theropod and protoceratopsian dinosaur eggs from the Cretaceous of Mongolia and Kazakhstan. Paleontological

Journal, 28(2): 101-120.

Mikhailov K E. 1994b. Eggs of sauropod and ornithopod dinosaurs from the Cretaceous of Mongolia. Paleontological Journal, 28: 141-159.

Mikhailov K E. 1997. Fossil and recent eggshell in amniotic vertebrates: fine structure, comparative morphology and classification. Special Papers in Palaeontology, 56: 1-80.

Sochava A V. 1969. Dinosaur eggs from the Upper Cretaceous of the Gobi desert. Paleontological Journal, 4: 517-527.

Tanaka K, Lü J C, Liu Y, et al. 2012. Statistical approach for classification of dinosaur eggs from the Heyuan Basin at the Northeast of Guangdong Province. Acta Geological Sinica, 86(2): 294-303.

Vianey-Liaud M, Crochet J Y. 1993. Dinosaur eggshells from the Late Cretaceous of Languedoc (southern France). Revue de paleobiologie, 7: 237-249.

Wang Q, Li Y G, Zhu X F, et al. 2018. New ootype primatoolithids from the Late Cretaceous Laiyang Basin and its significance. Vertebrata PalAsiatica, 56(3): 264-272.

Wang Q, Zhao Z K, Wang X L, et al. 2011. New ootypes of dinosaur eggs from the Late Cretaceous in Tiantai Basin, Zhejiang Province, China. Vertebrata PalAsiatica, 49(4): 446-449.

Wang S, Zhang S K, Corwin S, et al. 2016. Elongatoolithid eggs containing oviraptorid (Theropoda, Oviraptorosauria) embryos from the Upper Cretaceous of Southern China. BMC Evolutionary Biology, 16: 67, DOI 10.1186/s12862-016-0633-0.

Wang X L, Wang Q, Jiang S X, et al. 2012. Dinosaur egg faunas of the Upper Cretaceous terrestrial red beds of China and its stratigriphical significance. Journal of Stratigraphy, 36(2): 400-416.

Xing L D, Niu K C, Ma W S, et al. 2021. An exquisitely preserved in-ovo theropod dinosaur embryo sheds light on avian-like prehatching postures. iScience. https://doi.org/10.1016/j.isci.2021.103516.

Zelenitsky D K, Hills L V. 1996. An egg clutch of *Prismatoolithus levis* oosp. nov. from the Oldman Formation (Upper Cretaceous), Devil's Coulee, southern Alberta. Canadian Journal of Earth Sciences, 33(8): 1127-1131.

Zelenitsky D K, Modesto S P, Currie P J. 2002. Bird-like characteristics of troodontid theropod eggshell. Cretaceous Research, 23(3): 297-305.

Zhang S K. 2022. A revision of the eggshell fragment of *Spheroolithus megadermus* from Laiyang, Shandong Province, China. Vertebrata PalAsiatica, 60(1): 59-68.

Zhao Z K. 1994. Dinosaur eggs in China: On the structure and evolution of eggshells//Carpenter K, Hirsch K F, Horner J R, eds. Dinosaur Eggs and Babies. Cambridge University Press, 184–203.

Zhao Z K. 2000. Nesting behavior of dinosaurs as interpreted from the Chinese Cretaceous dinosaur eggs. Plaeontological Socity Korea Special Publication, 4: 115–126.

Zheng T T, Bai Y, Wang Q, et al. 2018. A new ootype of dinosaur egg (Faveoloolithidae: Duovallumoolithus shangdanensis oogen. et oosp. nov.) from the Late Cretaceous in the Shangdan Basin, Shaanxi Province, China. Acta Geological Sinica (English Edition), 92(3): 897–903.

Zhu X F, Wang Q, Wang X L. 2021. Restudy of the original and new materials of *Stromatoolithus pinglingensis* and discussion on some Spheroolithidae eggs. Historical Biology, DOI: 10.1080/08912963.2021.1910817.

后 记

　　河源恐龙资源丰富，保存完好，自1996年大量发现恐龙蛋以来，中国科学院古脊椎动物与古人类研究所、中国地质科学院地质研究所和广东省地质调查院等科研院所，投入了相应的力量，加强对河源恐龙资源的研究，取得了丰硕的成果，相关研究得到了国际古生物学和地质学界的关注。

　　近年来，随着国家对地质遗迹保护和利用工作的加强，为了更好地服务地方经济社会发展，广东省委省政府、河源市委市政府，以及河源市文化广电旅游体育局等各级主管部门，都非常重视河源恐龙资源的保护和利用。河源市博物馆在上级主管部门指导下，积极配合河源市委市政府及相关部门做好河源恐龙资源的研究、保护和利用工作，拟设立河源恐龙保护科研机构，组织学术委员会，建设保护和修复中心，开展河源恐龙地质遗迹普查等，为后续的保护与利用工作奠定基础。

　　与龙共舞，既是河源人的荣耀，也是河源人的梦想和责任。今天，恐龙已是家喻户晓的史前生物，是卡通、科幻电影的主角，河源恐龙博物馆成为旅游休闲的热门"打卡"之地。有理由相信，随着河源恐龙资源的科研、科普、保护与利用各项工作的推进，不久的将来，"河源恐龙"将成为广东省乃至全国的一张靓丽名片。

Afterword

Dinosaur resources are rich in Heyuan. Since the massive discovery of dinosaur eggs in 1996, Institute of Vertebrate Paleontology and Paleoanthropology, Chinese Academy of Sciences, Institute of Geology, Chinese Academy of Geological Sciences and Guangdong Geological Survey Institute have put considerable efforts to strengthen the study of Heyuan dinosaur resources, which has achieved fruitful results, and related researches have got international attention from the paleontological and geological communities.

In recent years, with the strengthening of the national protection and utilization of geological relics, in order to better serve the local economic and social development, Guangdong provincial party committee and provincial government, Heyuan municipal party committee and municipal government, and bureaus in charge of culture, radio, television, tourism and sports, etc. have attached great importance to the protection and utilization of Heyuan dinosaur resources. Under the guidance of the competent department, Heyuan Museum actively cooperates with Heyuan municipal party committee and municipal government and related departments to work on the research, protection and utilization of Heyuan dinosaur resources, and plans to establish a research institution on protection of Heyuan dinosaur resource, an academic committee, a center of protection and restoration as well as to do a geological relics survey about Heyuan dinosaurs, etc., which will lay the foundation for the subsequent protection and utilization work.

Dancing with dinosaur is the glory of Heyuan people, and it is also the dream and responsibility of the people in this city. Today, dinosaurs have become a household name of prehistoric creatures, which is the protagonist of cartoon and science fiction movies, and the dinosaur museum has become a popular place to "punch in" for tourism and leisure. There is reason to believe that, with the advancement of scientific research, science popularization, protection and utilization of dinosaur resources in Heyuan, "Heyuan Dinosaur" will become a beautiful name card of Guangdong Province and even the whole country in the near future.